乳品与儿童营养共识

（详细版）

Consensus on Dairy Products and Childhood Nutrition

中国食品科学技术学会 ◎ 编著

中国轻工业出版社

图书在版编目（CIP）数据

乳品与儿童营养共识（详细版）/ 中国食品科学技术学会编著．— 北京：中国轻工业出版社，2022.6

ISBN 978-7-5184-3905-8

Ⅰ．①乳… Ⅱ．①中… Ⅲ．①乳制品—关系—儿童—营养学 Ⅳ．①TS252.1②R153.2

中国版本图书馆 CIP 数据核字（2022）第 042586 号

责任编辑：伊双双　　责任终审：李建华　　整体设计：锋尚设计
策划编辑：伊双双　　责任校对：吴大朋　　责任监印：张　可

出版发行：中国轻工业出版社（北京东长安街6号，邮编：100740）
印　　刷：三河市国英印务有限公司
经　　销：各地新华书店
版　　次：2022年6月第1版第1次印刷
开　　本：710×1000　1/16　印张：4.5
字　　数：60千字
书　　号：ISBN 978-7-5184-3905-8　定价：28.00元
邮购电话：010-65241695
发行电话：010-85119835　传真：85113293
网　　址：http://www.chlip.com.cn
Email：club@chlip.com.cn
如发现图书残缺请与我社邮购联系调换
210999K1X101ZBW

《乳品与儿童营养共识（详细版）》编委会

编写执行单位

中国食品科学技术学会食品营养与健康分会

专家顾问组

孙宝国　中国工程院院士、北京工商大学

任发政　中国工程院院士、中国农业大学

丁钢强　中国疾病预防控制中心营养与健康所

邵　薇　中国食品科学技术学会

编审专家（按姓氏笔画排序）

刘爱东　国家食品安全风险评估中心

李　宁　国家食品安全风险评估中心

杨晓光　中国疾病预防控制中心营养与健康所

汪之顼　南京医科大学

张玉梅　北京大学

张　兵　中国疾病预防控制中心营养与健康所

张　霆　首都儿科研究所

陈同辛　上海交通大学医学院附属上海儿童医学中心

周　鹏　江南大学

盛晓阳　上海交通大学医学院附属新华医院

程义勇　军事医学科学院

曾　果　四川大学

编写人员

黄　建　中国疾病预防控制中心营养与健康所
王　鸥　中国疾病预防控制中心营养与健康所
赵　艾　清华大学
唐振闯　农业农村部食物与营养发展研究所
车会莲　中国农业大学
杨振宇　中国疾病预防控制中心营养与健康所
王志宏　中国疾病预防控制中心营养与健康所
孙培文　国家乳业技术创新中心
冯　罡　国家乳业技术创新中心
孙嘉琪　国家乳业技术创新中心
云战友　内蒙古乳业技术研究院
司徒文佑　内蒙古乳业技术研究院
段素芳　内蒙古乳业技术研究院
陈　铮　中国食品科学技术学会
罗江钊　中国食品科学技术学会

前　言

少年智则国智，少年富则国富，少年强则国强。少年儿童是祖国的未来、社会的希望，他们的健康成长时刻牵动着每个人的心。儿童时期的营养状况会影响生命全周期的健康，乳品被公认为具有满足儿童营养需求的理想膳食构成。乳品营养强化可作为改善儿童营养健康状况的有效措施。当前，我国正处于“健康中国”战略实施的关键时期，面对现阶段我国儿童超重、肥胖和微量营养素缺乏的新形势，如何充分发挥乳品在儿童营养健康水平提升中的重要价值，亟须科技界尽快形成科学共识并有效指引。

为此，中国食品科学技术学会食品营养与健康分会凝聚食品科学、儿童保健、妇幼营养学、临床医学、公共卫生等领域权威专家智慧，从儿童营养的重要意义及现状分析、儿童生长发育营养需求分析、乳品在儿童膳食中的重要地位、乳品对儿童营养的重要作用、国际乳品消费及乳品营养强化现状、乳品摄入与儿童营养改善的措施与建议等方面进行了深入研讨与完善，创新性地凝练出乳品与儿童营养的八大共识性观点，首次以更加广阔的视角，系统性地阐明了乳品与儿童营养背后的科学关系，对引导乳品科学消费，规范并促进乳品行业多元化创新发展具有重要的推动作用。

《乳品与儿童营养共识》是不同学科交叉融合后的产物，这种学科的交叉渐渐地成为一种趋势，也为食品领域其他科学问题的梳理作出一个很好的示范，具有重要的参考价值。该共识分精简版与详细版，其中精简版已于2021年公开发表于《中国食品学报》，详细版在前期精简版基础上引入大量详实的数据与资料，对八大观点进行了充分佐证。

本书的完成得益于参与专家的高度重视和真诚付出，在此一并致谢。

由于参与本书编写者众多，在结构、内容及文字上难免有不足之处，祈望同行和读者在实际使用时酌情取舍，同时不吝请教。我们将收集意见、建议，以便再版时修订。

2022年3月3日

目 录

儿童营养是生命全周期健康状况的基石。随着经济发展，我国儿童营养健康状况有所改善，但膳食结构不合理、微量营养素缺乏、超重肥胖等问题依然不容忽视。乳是哺乳动物出生后赖以生存与发育的完美食物[1]。乳及乳制品（以下简称“乳品”）在儿童生长发育过程中的重要作用已被广泛证实，是满足儿童营养需求的理想食物。本共识中的乳品特指以乳为主要原料的全乳及其加工制品，包括但不限于液态乳（灭菌乳、巴氏杀菌乳、调制乳、发酵乳）、乳粉、炼乳、干酪及再制干酪等产品，但不包括乳清粉、乳糖等作为食品加工原料的乳成分产品。参照联合国《儿童权利公约》、世界卫生组织（World Health Organization，WHO）相关报告、《中国居民膳食指南（2022）》等内容，本共识将针对的儿童年龄界定为3～17岁。本共识系统综述了我国儿童营养现状、乳品的营养特性及其与儿童生长发育的密切关系，分析了我国乳品消费情况，建议促进儿童群体乳品消费，在详尽的科学依据与背景资料的基础上，形成乳品与儿童营养的专家共识。

1

儿童营养的重要意义及现状分析

1.1 儿童营养的重要意义

近年来，伴随着中国社会经济的迅速发展及人们物质生活水平的不断提高，儿童营养愈发受到重视。儿童处于生长发育的关键阶段，必须通过膳食提供合适的营养素以满足其生长发育需要，营养缺乏会影响其身高体重及健康的体格形态，更影响其认知及心理健康[2]。无论是从WHO报告资料，还是从全国营养健康调查数据、儿童营养监测数据来看，我国作为一个幅员辽阔、经济发展不均衡的大国，仍面临着儿童营养不良双重负担——营养缺乏与营养过剩同时存在的巨大挑战[3]。我国边远地区儿童中既存在因经济因素导致的蛋白质、能量缺乏，也存在贫血及维生素A（视黄醇）、维生素D、锌等缺乏问题；同时，城镇化进程加剧的地区特别是大中城市及富裕农村儿童超重、肥胖问题日趋严重，且伴有某些微量营养素缺乏[4，5]。

学龄前儿童群体常易出现营养不良，即能量及营养素的缺乏或过剩，具体表现为发育迟缓、消瘦、微量营养素缺乏及肥胖等，会对儿童生长发育造成不良影响[6]。既往研究表明，营养不均衡会引起儿童体格发育异常（如身高偏低）及智力损伤等，并对儿童未来的身体健康等方面产生远期影响[7]。另外，饮食行为在儿童的生活中也扮演着相当重要的角色。

学龄前和学龄儿童中普遍存在不良饮食行为问题，主要有挑食、偏食、进餐不规律、零食偏多及高糖、高油、高盐食物摄入过量等，这些不健康的饮食行为会对儿童的认知、行为以及儿童的体重产生不良影响[8]。研究表明，不良的饮食习惯和偏好与儿童超重和肥胖存在关联[9]。儿童肥胖现已成为公共卫生领域的主要挑战之一，肥胖不仅影响儿童的健康和生命质量，而且对儿童身体的形态、功能都会有影响，同时肥胖儿童也容易出现心理行为偏离和心理创伤等社会问题[10]。儿童时期是个人智力和生长发育以及饮食习惯培养的关键时期，期间养成的饮食习惯和食物偏好会直接影响成年后的饮食行为和习惯，并对成年后的健康产生重要影响[11, 12]。研究表明，良好的饮食习惯可促进儿童膳食营养素的吸收，提高自身抵抗力，保证机体的健康状态，从而促进身心发育和健康成长；并有助于帮助预防成年期糖尿病、心脑血管疾病以及其他慢性病的发生[13]。

儿童期膳食营养状况对成年期健康有着长远影响。大量研究表明，很多成年期疾病的发生都与其儿童期营养不良密切相关[13]。例如，儿童期的体质指数（body mass index，BMI）水平对成年前期的BMI水平有影响，早期消瘦和超重、肥胖的儿童，在其成年前期很可能继续保持此种状态并一直延续下去[14]；儿童期腹型肥胖会显著增加其成年期发生腹型肥胖的风险[15]；已有研究表明，超重和肥胖是儿童患高血压的重要危险因素，也与其成年期患原发性高血压之间存在关联[16]。目前儿童超重率和肥胖率逐渐升高，儿童高血压可能存在爆发性增长趋势。儿童期的高血压可延续至成年，在很大程度上增加了成年期心血管疾病的发生风险。此外，儿童期通常是骨密度增长最快的阶段，钙和维生素在内的多种膳食营养因素可影响峰值骨量水平，从而对成年后期的骨骼健康产生重要影响。研究证明，增加生长发育期的峰值骨量可延缓成年后骨质疏松的发生与发展[17, 18]。因此，儿童期均衡健康的饮食营养不仅有助于身体和智力的发展，还可以减少成年后患某些疾病的风险。

儿童营养不仅是儿童生存、生长发育和全生命周期健康的基础，还是社会可持续发展的基础，既关系到每个人的智力发展、劳动生产能力水平和健康状况，更关系到全民族的健康素质、生产力水平和国家创新能力。儿童营养水平容易受家庭喂养方式[19]、地区经济因素、家庭收入水平、父母文化水平等多方面因素的影响[20]。儿童期是营养促进儿童遗传潜能发挥，影响其当前及长远健康的关键窗口期。因此需在该阶段保证儿童正常的营养和发育，才能最大程度地预防成年期身体功能异常和疾病的发生。

1.2 我国儿童膳食营养状况

根据《中国居民营养与慢性病状况报告（2015年）》《中国居民营养与慢性病状况报告（2020年）》《中国居民膳食指南科学研究报告（2021）》《中国居民膳食指南（2022）》以及《中国居民营养与健康状况监测报告（2010—2013）》（以下简称《监测报告》）数据分析，我国3～17岁儿童膳食摄入和营养状况不断改善，但还存在一些营养问题仍不容忽视[21～29]。

1.2.1 我国儿童营养状况不断改善，但超重与肥胖问题日益突显

《中国居民膳食指南科学研究报告（2021）》数据显示，我国5岁以下儿童的生长迟缓率和低体重率分别为4.8%和1.9%，已实现了《中国儿童发展纲要（2011—2020年）》预设目标。尽管我国儿童生长发育状况不断改善，但在不同年龄段仍存在不容忽视的问题。《中国居民营养与慢性病状况报告（2020年）》数据显示，我国3岁和4岁儿童生长迟缓率分别为4.1%（男童4.6%，女童3.6%；城市2.4%，农村5.4%）和4.5%（男童4.4%，女童4.6%；城市2.5%，农村5.9%），低体重率分别为1.5%（男童1.5%，女

童1.5%）和2.2%（男童2.7%，女童2.9%），消瘦率分别为1.4%（男童1.4%，女童1.4%）和2.1%（男童2.0%，女童2.2%）。消瘦在我国6～17岁儿童中较为明显。6～17岁儿童消瘦率为8.7%，生长迟缓率为1.7%。

超重与肥胖是我国儿童面临的另一重要营养问题。《中国居民营养与慢性病状况报告（2020年）》数据显示，我国0～5岁儿童超重率与肥胖率分别为6.8%和3.6%，6～17岁儿童分别为11.1%和7.9%，与上轮监测相比均显著升高；同时，我国6～17岁儿童超重率与肥胖率存在明显的城乡和性别差异，均表现为城市（超重率12.9%，肥胖率10.3%）高于农村（超重率9.5%，肥胖率5.9%），男童（超重率12.7%，肥胖率10.0%）高于女童（超重率9.3%，肥胖率5.6%）。

我国儿童缺铁性贫血较为严重。《中国居民营养与慢性病状况报告（2020年）》显示，2017年我国6岁以下儿童贫血患病率为21.2%（男童21.5%，女童20.8%；城市15.0%，农村25.6%），6～11岁儿童贫血患病率为4.4%（男童4.2%，女童4.5%；城市3.5%，农村5.0%），12～17岁儿童贫血患病率为6.6%（男童3.3%，女童10.4%；城市5.4%，农村7.8%）。此外，2017年我国6～11岁儿童血红蛋白水平为133.2 g/L，其中男童为133.4 g/L，女童为133.0 g/L，城市和农村儿童血红蛋白水平分别为134.4 g/L和132.3 g/L；12～17岁儿童血红蛋白水平为142.3 g/L，其中男童为149.6 g/L，女童为134.1 g/L，城市和农村儿童血红蛋白水平分别为143.5 g/L和141.1 g/L；血红蛋白水平随年龄增长而升高。

2013年我国3～5岁、6～8岁、9～11岁、12～14岁和15～17岁儿童的维生素A缺乏率分别为1.5%、9.9%、7.5%、5.4%和4.9%，维生素A边缘缺乏率分别为27.8%、24.0%、21.1%、16.9%和14.0%；维生素D缺乏率分别为43.0%、43.0%、50.1%、58.4%和60.5%。可见，我国儿童维生素D缺乏现象较为严重，男童和女童维生素D缺乏率分别为50.0%和56.5%，城市和农村分别为53.8%和52.6%。

1.2.2 我国儿童膳食结构不尽合理，蔬果、奶类、豆类摄入量偏低

谷薯类仍是我国儿童的主食，蔬果、奶类、豆类及禽畜肉蛋摄入量存在明显的地区差异；儿童存在膳食结构不合理的现象，如畜禽肉类摄入量超过膳食指南建议值，而蔬果、奶类、大豆及其制品、蛋类、水产品的摄入较少。

《中国居民膳食指南（2022）》中2～3岁、4～6岁、7～10岁、11～13岁和14～17岁儿童蔬菜推荐摄入量（recommended nutrient intake，RNI）分别为150～250 g/d、200～300 g/d、300 g/d、400～450 g/d和450～500 g/d。《监测报告》显示，我国2～5岁儿童每日蔬菜摄入量为78.9 g（城市89.0 g，农村73.3 g），6～8岁、9～11岁、12～14岁和15～17岁儿童蔬菜的日均摄入量分别为146.1 g/d、173.9 g/d、195.5 g/d和217.1 g/d。尽管我国儿童蔬菜的摄入量有随年龄增长逐渐增高的趋势，但是整体依然摄入不足。

《中国居民膳食指南（2022）》中2～3岁、4～6岁、7～10岁、11～13岁和14～17岁儿童水果推荐摄入量分别为100～200 g/d、150～200 g/d、150～200 g/d、200～300 g/d和300～350 g/d。《监测报告》显示，我国2～5岁儿童水果消费率（消费人数占比）为57.6%，消费人群水果摄入量中位数为66.7 g/d（城市76.6 g/d，农村58.9 g/d）；6～8岁、9～11岁、12～14岁和15～17岁儿童水果的日均摄入量分别为38.9 g/d、51.2 g/d、51.0 g/d和43.6 g/d。比较而言，我国儿童水果的摄入量较低。

《中国居民膳食指南（2022）》中学龄前儿童（2～5岁）和学龄儿童（6～17岁）乳品推荐摄入量分别为300～500 mL/d和300 mL/d及以上。《监测报告》显示，我国2～5岁儿童乳品消费率为44.6%，消费人群乳品摄入量中位数为106.7 g/d（城市133.3 g/d，农村87.3 g/d）；6～17岁儿童乳品摄入量为34.5 g/d（男童33.9 g/d，女童35.3 g/d；城市51.5 g/d，大城市105.0 g/d，农村18.9 g/d）。儿童乳品消费率及摄入量均随年龄增长呈逐渐降低的趋势，

6～8岁、9～11岁、12～14岁和15～17岁儿童乳品摄入量分别为39.5 g/d、37.8 g/d、35.8 g/d和27.3 g/d。考虑到我国儿童消费乳品主要以液态乳为主，以mL/d为单位换算后，数据变化不大。综上所述，我国3～17岁儿童乳品摄入量严重不足，是与膳食指南推荐摄入量差距较大的种类之一。

《中国居民膳食指南（2022）》中2～3岁儿童大豆推荐摄入量为35～105 g/周，4～13岁儿童为105 g/周，14～17岁儿童为105～175 g/周。《监测报告》显示，我国2～5岁儿童大豆及其制品消费率为50.6%，消费人群大豆及其制品摄入量中位数为5.1 g/d（城市4.8 g/d，农村5.4 g/d）；6～8岁、9～11岁、12～14岁和15～17岁儿童大豆及其制品摄入量分别为7.0 g/d、7.9 g/d、8.6 g/d和9.4 g/d。尽管我国儿童大豆及其制品的摄入量随年龄增长呈略微增高的趋势，但是整体摄入不足的问题突出。

《中国居民膳食指南（2022）》中2～3岁、4～6岁、7～10岁、11～13岁和14～17岁儿童畜禽肉推荐摄入量分别为105～175 g/周、175～280 g/周、280 g/周、350 g/周和350～525 g/周。《监测报告》显示，我国2～5岁儿童畜禽肉消费率为90.9%，消费人群畜禽肉摄入量中位数为46.7 g/d（城市54.0 g/d，农村43.3 g/d）；6～8岁、9～11岁、12～14岁和15～17岁儿童畜禽肉摄入量分别为65.0 g/d、78.3 g/d、85.2 g/d和89.6 g/d。我国3～17岁儿童畜禽肉摄入量随年龄增长逐渐增加，整体摄入量超过膳食指南推荐摄入量。

《中国居民膳食指南（2022）》中2～3岁、4～6岁、7～10岁、11～13岁和14～17岁儿童蛋类推荐摄入量分别为140～175 g/周、175 g/周、175～280 g/周、280～350 g/周和350 g/周。《监测报告》显示，我国2～5岁儿童蛋类消费率为67.6%，消费人群蛋类摄入量中位数为30.0 g/d（城市32.5 g/d，农村29.3 g/d）；6～8岁、9～11岁、12～14岁和15～17岁儿童蛋类摄入量分别为22.8 g/d、21.6 g/d、22.5 g/d和21.1 g/d。总体上，我国6～17岁儿童蛋类摄入量明显低于膳食指南推荐摄入量。

《中国居民膳食指南（2022）》中2～3岁、4～6岁、7～10岁、11～13岁和14～17岁儿童水产品推荐摄入量分别为105～140 g/周、140～280 g/周、280 g/周、350 g/周和350～525 g/周。《监测报告》显示，我国2～5岁儿童水产品消费率为35.3%，消费人群水产品摄入量中位数为19.3 g/d（城市20.0 g/d，农村18.0 g/d）；6～8岁、9～11岁、12～14岁和15～17岁儿童水产品摄入量分别为16.4 g/d、19.4 g/d、18.0 g/d和22.9 g/d。总体上，我国6～17岁儿童水产品摄入量明显低于膳食指南推荐摄入量。

1.2.3 膳食微量营养素摄入不足问题仍不容忽视

基于我国目前的膳食摄入状况[24]，我国3～17岁儿童能量、蛋白质和脂肪摄入量基本达到推荐的范围，部分微量营养素摄入不足的问题依然存在。城市儿童的脂肪供能比高，农村儿童蛋白质质量差。大部分儿童存在维生素A、维生素B_1（硫胺素）、维生素B_2（核黄素）和维生素C摄入不足；绝大部分儿童膳食钙摄入不足，仍有部分儿童铁和锌也摄入不足（详见9.附图）。

我国儿童维生素A摄入不足。低于平均需要量（estimated average requirement，EAR）的比例较高。2～5岁儿童每日维生素A摄入量的中位数为144.8 μgRAE①（城市196.9 μgRAE，农村111.4 μgRAE），76.2%的儿童维生素A摄入量低于EAR[26]。6～17岁儿童中随着年龄的增加维生素A摄入量低于EAR的比例增高，6～8岁、9～11岁、12～14岁和15～17岁儿童维生素A摄入量低于EAR的比例分别为71.0%、75.1%、79.0%和78.5%；农村为81.6%，高于城市的66.3%[27]。

我国儿童硫胺素摄入不足（低于EAR）的比例也较高。2～5岁儿童每

① RAE：retinol activity equivalents，视黄醇活性当量。

日硫胺素摄入量的中位数为0.4 mg（城市0.5 mg，农村0.4 mg），69.6%的儿童硫胺素摄入量低于EAR[26]。6～17岁儿童中随着年龄的增加硫胺素摄入量低于EAR的比例增高，6～8岁、9～11岁、12～14岁和15～17岁儿童硫胺素摄入量低于EAR的比例分别为69.6%、74.0%、81.9%和83.4%；男童为73.9%，略低于女童的78.5%[27]。

我国儿童核黄素摄入不足（低于EAR）也不容易忽视。2～5岁儿童每日核黄素摄入量的中位数为0.4 mg（城市0.5 mg，农村0.4 mg），68.6%的儿童核黄素摄入量低于EAR；特别是在农村，比例高达79.7%，而城市为52.4%[26]。6～17岁儿童核黄素摄入不足的比例随年龄增长而增加，6～8岁、9～11岁、12～14岁和15～17岁儿童核黄素摄入量低于EAR的比例分别为79.7%、83.7%、89.4%和89.5%；农村为89.5%，高于城市的77.9%[27]。

我国儿童膳食维生素C摄入不足（低于EAR）也较为普遍。2～5岁儿童每日膳食维生素C摄入量的中位数为27.3 mg（城市33.3 mg，农村24.1 mg），66.5%的儿童摄入量低于EAR，其中城市为56.0%，而农村高达73.6%[26]。6～8岁、9～11岁、12～14岁和15～17岁儿童膳食维生素C摄入不足的比例分别为62.1%、65.6%、70.3%和69.7%，无明显的城乡差异[27]。

我国儿童膳食钙摄入不足的问题尤为突出，有94.8%的2～5岁儿童和98.8%的6～17岁儿童膳食钙摄入量低于EAR水平，这显示绝大多数儿童都存在膳食钙摄入不足的风险[26、27]。6～17岁儿童中男生膳食钙摄入量低于EAR的比例为98.5%，与女生的99.0%相近；各年龄组之间、城乡之间儿童膳食钙摄入量低于EAR的比例没有差异[27]。

我国2～5岁儿童存在膳食锌摄入不足（低于EAR）的人数占26.7%，达到或超过RNI的人数占56.9%[26]。有36.2%的6～17岁儿童膳食锌摄入量低于EAR，其中12～14岁比例最高，为41.7%；男生膳食锌摄入量低于EAR的比例为35.7%，女生为36.9%[27]。

我国2～5岁儿童每日膳食镁摄入量的中位数为127.8 mg（城市135.8 mg，

农村123.0 mg）[26]；6～17岁儿童膳食镁摄入量低于EAR的比例男生低于女生，其中11～14岁儿童膳食镁摄入量低于EAR的比例最高，为67.3%[27]。

我国2～5岁儿童每日膳食铁摄入量的中位数为9.6 mg（城市10.4 mg，农村9.1 mg），存在膳食铁摄入不足风险的比例为17.2%[26]。6～17岁儿童膳食铁摄入量低于EAR的比例为20.7%，其中男生为13.4%，低于女生的28.9%；城市为19.2%，略低于农村的21.6%；达到或超过RNI水平的儿童约为54.8%[27]。

2

儿童生长发育营养需求分析

儿童期是生长发育的重要时期，儿童单位体重的营养素需求较成人高，因此供给充足的营养素是儿童健康成长的物质基础。为保证儿童体格生长，需提供充足的优质蛋白质、锌、镁、钾、磷、硫等营养素；骨骼和牙齿的快速生长需保证充足的钙、磷、镁、维生素D、维生素K等营养素的摄入；满足脑及神经的发育需供给充足的二十二碳六烯酸（DHA）等多不饱和脂肪酸等。此外，青春期处于生殖系统的发育期，足量铁供给可预防青春期女生由于月经丢失铁所引起的缺铁性贫血的发生。儿童营养需求还应考虑各营养素之间的相互作用[30~40]。

2.1 蛋白质

蛋白质是一切生命的物质基础，是构成人体细胞、组织、器官结构的主要物质。儿童期正是体格生长，组织、器官新陈代谢的旺盛时期，需要大量的蛋白质以满足机体生长发育的需求，否则可能会出现儿童生长发育迟缓等营养不良问题。此外，蛋白质参与合成血红蛋白、免疫球蛋白、纤凝蛋白等，蛋白质摄入不足将影响儿童的免疫功能、凝血功能，甚至造成不同程度的贫血。3～17岁儿童蛋白质参考摄入量见表1。

表1　3～17岁儿童蛋白质参考摄入量　　单位：g/d

年龄/岁	男		女	
	EAR	RNI	EAR	RNI
3～	25	30	25	30
6～	25	35	25	35
7～	30	40	30	40
9～	40	45	40	45
10～	40	50	40	50
11～	50	60	45	55
14～17	60	75	50	60

资料来源：《中国居民膳食营养素参考摄入量（2013版）》。

2.2　多不饱和脂肪酸

脂肪酸是构成甘油三酯、磷脂的重要成分。多不饱和脂肪酸中的亚油酸（LA）和α–亚麻酸（ALA）是人体必需脂肪酸，能衍生二十碳四烯酸（ARA）、二十碳五烯酸（EPA）和DHA。ARA、EPA和DHA是脑、神经组织及视网膜中含量较高的脂肪酸。儿童早期神经系统迅速发育，需要摄入足量的多不饱和脂肪酸以满足脑及视觉功能发育的需求。此外，多不饱和脂肪酸摄入不足还可能与儿童注意缺陷多动障碍、抑郁症、自闭症及孤独症等神经、精神类疾病的发生有关。3～17岁儿童多不饱和脂肪酸参考摄入量见表2。

表2 3～17岁儿童多不饱和脂肪酸参考摄入量

年龄/岁	*n*-3多不饱和脂肪酸		*n*-6多不饱和脂肪酸
	ALA AI①/（%E②）	EPA+DHA AI/（mg/d）	LA AI/（%E）
3～	0.6	100（DHA）	4.0
4～	0.6	—	4.0
7～17	0.6	—	4.0

① AI：adequate intake，适宜摄入量。

② %E：占能量的百分比。

资料来源：《中国居民膳食营养素参考摄入量（2013版）》。

2.3 膳食纤维

膳食纤维有助于儿童消化道结构和功能的不断发育和成熟。从婴儿期母乳到后期辅食的引入，儿童肠道微生物逐渐转变为复杂而稳定的定植模式，膳食纤维在肠道菌群建立的过程中发挥了重要的作用。我国儿童超重率、肥胖率逐年上升，经济发达地区更为明显，膳食纤维可降低胆固醇水平，减轻饥饿感，从而有效预防儿童超重、肥胖等营养不良问题。此外，膳食纤维可改变肠道的pH，有助于有益菌群的繁殖，可改善低膳食纤维饮食引起的儿童便秘等问题。但同时，膳食纤维或其含有的植酸可能会干扰矿物元素的吸收，降低铁、锌等矿物元素的吸收，因此也需要避免过量的膳食纤维摄入。我国14岁以下儿童膳食纤维推荐摄入量为10 g/1000 kcal，低于成人12.5～15.0 g/1000 kcal的推荐量。美国和欧盟14岁以下儿童膳食纤维推荐摄入量分别为14 g/1000 kcal和8.37～10.5 g/1000 kcal。

2.4 矿物质

2.4.1 钙

钙是构成人体骨骼和牙齿的主要成分，儿童期需要摄入足量的钙以满足身体的快速发育，而钙缺乏可能引起骨密度降低，造成儿童期营养性佝偻病，影响其生长发育。儿童期是骨量不断积累的关键时期，该阶段的钙营养状况直接决定成年期的峰值骨量。儿童期钙摄入不足将影响人体最大骨峰值的形成，甚至对老年期的骨健康造成危害，增加骨质疏松的风险。

此外，钙参与维持多种生理功能。钙离子与钾、钠和镁离子的平衡共同调节神经肌肉的兴奋性；钙离子参与调节生物膜的完整性和通透性，对细胞功能的维持、酶的激活等都起着重要作用；细胞内钙离子参与调节多种激素和神经递质的释放；钙离子作为辅助因子，参与血液凝固多个过程；同时，钙离子与调节血压、铁的跨膜转运等有关。

2.4.2 磷

磷是构成人体骨骼和牙齿的主要成分，与钙共同作用促进儿童骨骼发育；直接参与能量的储存与释放，或作为多种酶系的辅酶或辅基参与机体能量代谢；参与糖、脂代谢；磷脂所形成的脂质双分子层可维持生物膜正常结构；由磷酸、嘌呤碱基或嘧啶碱基、核糖或脱氧核糖所构成的核苷酸是构成遗传物质的重要成分；磷酸盐等构成体液缓冲系统以调节机体酸碱平衡。

2.4.3　铁

铁是构成血红蛋白的主要成分，儿童期膳食铁摄入不足可导致缺铁性贫血。青春期女生由于月经丢失铁更易发生缺铁性贫血。此外，铁还是肌红蛋白、细胞色素以及某些呼吸酶的组成成分，参与体内氧的运送和组织呼吸过程；参与红细胞的形成和成熟，维持正常的造血功能；含有Fe—S基团的铁硫蛋白参与调节酶活性、线粒体呼吸作用、核糖体生物合成、辅助因子生物合成、基因表达调节和核苷酸代谢等；此外，铁可催化β-胡萝卜素转化为维生素A，参与嘌呤与胶原的合成、抗体的产生、脂类在血液中的转运以及药物在肝的代谢等。

2.4.4　碘

碘的生理功能主要是通过甲状腺激素完成的。甲状腺激素在神经元的增殖、迁移和分化，神经突起的分化和发育等过程中发挥重要作用，如碘缺乏严重会造成儿童神经系统发育异常、智力低下，甚至是不可逆的脑损伤。甲状腺激素不仅会影响儿童的智力发育，还会与生长激素协同作用，调控儿童期的体格生长发育。长期碘缺乏可导致甲状腺功能受损。此外，碘摄入量与甲状腺疾病的关系呈“U”形曲线，碘摄入过高也可能对儿童甲状腺功能、智力发育等产生负面影响。

2.4.5　锌

锌是机体多种酶（锌金属酶）的组成部分；锌指结构存在于各种参与细胞分化和增殖、信号转导、细胞黏附或转录的蛋白质中；参与调节基因启动子的金属应答元件结合转录因子（metal response element binding transcription factor，MTF）和金属反应原件（metal response element，MRE）等。儿童期锌摄入不足可表现为食欲减退、生长速度变缓、记忆力降低、注意力不集中等，严重缺乏时还可能影响生殖器官的发育。3～17岁儿童矿物质推荐摄入量（RNI）见表3。

表3 3～17岁儿童矿物质推荐摄入量（RNI）

年龄/岁	钙/（mg/d）	磷/（mg/d）	铁/（mg/d）		碘/（μg/d）	锌/（mg/d）	
			男	女		男	女
3～	600	300	9		90	4.0	
4～	800	350	10		90	5.5	
7～	1000	470	13		90	7.0	
11～	1200	640	15	18	110	10.0	9.0
14～17	1000	710	16	18	120	11.5	6.9

资料来源：《中国居民膳食营养素参考摄入量（2013版）》。

2.5 维生素

2.5.1 维生素A

维生素A可被氧化为视黄醛，后者与视蛋白共同构成视网膜上杆状细胞的视紫红质，以维持良好暗适应。维生素A缺乏会导致儿童夜盲症、眼干燥症，损伤黏膜上皮组织、皮肤，出现反复的呼吸道感染。此外，维生素A是一种调节糖蛋白合成的辅酶，稳定上皮细胞膜，维持上皮细胞的形态完整和功能健全；促进免疫细胞产生抗体，促进T淋巴细胞产生淋巴因子；促进生长发育和维持生殖功能。

2.5.2 维生素B_{12}

维生素B_{12}在体内以甲基B_{12}和辅酶B_{12}两种辅酶形式存在并参与生化反应；作为甲基转移酶的辅酶参与甲硫氨酸、胸腺嘧啶的体内合成，从而促进蛋白质和核酸的生物合成。儿童期缺乏维生素B_{12}可出现巨幼红细胞性贫血。维生素B_{12}还参与甲基丙二酸–琥珀酸异构化过程，该过程与神经鞘中脂蛋白的形成有关。因此，儿童维生素B_{12}缺乏时，常出现神经精神异常的症状，甚至可造成不可逆的神经损伤。

2.5.3 维生素D

维生素D在维持血液中钙和磷水平稳定中发挥重要作用，包括促进钙吸收和骨吸收，对儿童骨骼发育具有重要作用。维生素D缺乏可引起体内钙、磷代谢异常的佝偻病。由于冬季天气寒冷而导致户外活动减少的儿童容易发生维生素D缺乏，进而影响儿童的生长发育。此外，维生素D参与钙转运蛋白和骨基质蛋白的转录及细胞周期蛋白转录的调节，增加体内特殊细胞的分化；发挥激素样作用参与体内免疫调节；对肌肉收缩、神经传导及细胞基本功能都是必需的。3～17岁儿童维生素推荐摄入量（RNI）见表4。

表4 3～17岁儿童维生素推荐摄入量（RNI）

年龄/岁	维生素A/（μg RAE/d）		维生素B_{12}/（μg/d）	维生素D/（μg/d）
	男	女		
3～	310		1.0	10
4～	360		1.2	10

续表

年龄/岁	维生素A/（μg RAE/d）		维生素B_{12}/（μg/d）	维生素D/（μg/d）
	男	女		
7～	500		1.6	10
11～	670	630	2.1	10
14～17	820	630	2.4	10

资料来源：《中国居民膳食营养素参考摄入量（2013版）》。

2.6 营养素间的相互作用

不同营养素之间可能存在协同或拮抗作用，可能会影响营养素的吸收、代谢、体内动员等。在不同食物基质或不同补充剂的情况下，相互作用表现可能不同。例如，维生素C有助于人体对膳食铁的吸收利用；维生素D可以促进肠道钙和磷的吸收及骨骼的钙、磷重吸收，减少钙、磷的排出，共同维护儿童骨骼健康。不同的二价离子可能是通过相同的转运蛋白（divalent metal transporter 1，DMT1）吸收进入小肠细胞，短期内钙可能抑制铁的吸收，但从长期效果来看，钙补充对于儿童铁营养状况的影响并不十分明显，这可能与机体自身调节有关。维生素A可促进肝脏内铁的动员，有助于体内循环铁的增加，因而维生素A缺乏会影响铁的利用。因此，儿童营养需求分析中既要考虑各营养素自身的需要量，同时需要考虑营养素之间的相互作用和基质效应。只有儿童膳食营养素摄入比例合理，才有助于发挥各种营养素最佳的功能。

除满足基础代谢需要外，儿童需额外的能量和营养素供机体生长发育，单位体重所需营养素高于成人。在相同身体活动水平下，3～6岁、7～10岁、11～13岁和14～17岁男童单位体重下能量平均需要量分别较成年男性高32.40～41.25 kcal/（kg·d）、18.35～27.27 kcal/（kg·d）、8.08～20.10 kcal/（kg·d）和7.33～13.38 kcal/（kg·d），3～17岁儿童随着年龄的增加能量平均需要量呈逐渐下降的趋势。此外，通过不同年龄段营养素推荐摄入量与不同年龄段体重代表值计算可知，在单位体重下，男童蛋白质、矿物质、维生素等营养素的推荐摄入量均高于成年男性，与能量需求呈相似规律（表5）。

表5 3～17岁男童与成年男性单位体重下营养素推荐摄入量[①]的比较

年龄/岁	蛋白质/[g/(kg·d)]	钙/[mg/(kg·d)]	铁/[mg/(kg·d)]	锌/[mg/(kg·d)]	维生素A/[μg RAE/(kg·d)]
3～	1.21～1.29	29.55～37.14	0.32～0.40	0.21～0.26	11.82～14.86
7～	1.30～1.31	22.54～31.37	0.28～0.39	0.17～0.23	10.14～14.12
11～	1.29～1.30	20.20～25.32	0.22～0.28	0.17～0.21	9.70～12.15
14～17	1.23～1.27	13.11～14.81	0.20～0.22	0.16～0.18	9.67～10.93
18～（成人）	1.00	9.85	0.14	0.16	8.48

注：①数据根据《中国居民膳食营养素参考摄入量（2013版）》计算求得。

3

乳品在儿童膳食中的重要地位

3.1 乳品是儿童多样性膳食的重要组成

儿童正处于快速生长发育阶段，对营养素特别是微量营养素的需求相对高于成人，发生微量营养素缺乏性疾病的风险也相对较高。母乳可以为6个月以内的婴儿提供充足而全面的营养，然而，从添加辅食开始，如果过分依赖特定食物就会造成儿童营养素摄入失衡，影响身体健康。《中国居民膳食指南（2022）》指出“食物多样是平衡膳食的基础，合理搭配是平衡膳食的保障”“只有经过合理搭配的多种食物组成的膳食才能满足人体对能量和各种营养素的需要”[29]。儿童的健康成长尤其需要多样化的膳食来获得全面营养。据文献报道，较低的膳食多样性既是儿童期贫血等营养缺乏问题的危险因素，也与超重、肥胖等营养过剩问题有关[41，42]。

在世界各国的膳食指南中，乳品摄入在每日膳食推荐中均占据重要的地位[23]。在对一个家庭或者对一个个体的膳食多样性进行测量时，是否有乳品的摄入也是考量的关键[43]。乳品摄入量过低或过高均不利于膳食平衡。我国长期以来主要存在乳品摄入量过低的问题，这是由于千百年来受地域环境的限制和生产力的影响，我国大多数地区奶类资源匮乏，膳食中多缺乏乳品，居民亦没有饮奶的习惯，有限的哺乳动物乳汁仅作为营养品用于疾病患者或婴幼儿。在经济发展、生产力和生活水平提高、食物日益丰富的今天，乳品作为重要的食物资源已进入普通家庭，其健康作用正在被广泛认知。《中国居民膳食指南（2022）》平衡膳食八准则中准则三[29]："多吃蔬果、奶类、全谷、大豆"，明确指出"奶类富含钙和优质蛋白质，增加奶制品摄入对增加儿童骨密度有一定作用""奶类是一种营养成分丰富、组成比例适宜、易消化吸收、营养价值高的天然食品""奶及奶制品中钙含量丰富且吸收率高，是钙的最佳食物来源""把奶制品当作日常膳食不可缺少的组成部分"。同时，膳食指南明确指出2 ~ 5岁和6岁以上儿童每日乳的推荐摄入量分别为300 ~ 500 mL和300 mL及以上液体奶或相当量的奶制品[29]。

3.2 各国及国际组织对儿童乳品摄入的推荐

充足的乳品摄入是儿童营养健康的基本保障。世界各地均根据系统的科学方法，针对本地区儿童的营养现状、营养需要及近远期健康效益制定了当地的乳品推荐摄入量。以美国为例，其是在文献及本国流行病学调查的基础上，根据"我们在美国吃什么"（What We Eat in America）和美国健康与营养调查（National Health and Nutrition Examination Survey，NHANES）两项全国性健康和营养调查建模，探究不同膳食模式中乳品摄入水平和比例能否达到各种营养素的推荐量，最终确定了儿童的乳品摄入推荐值[44]。澳大利亚基于模型系统制定膳食指南，首先通过文献检索证实乳品摄入与骨健康、预防慢性病等存在明确关系，之后依据澳大利亚国民的膳食调查结果，进行不同性别与年龄的分层分析，得到不同人群的乳类食物推荐摄入量[45]。值得注意的是，这两个国家对乳品的推荐摄入量均随儿童年龄增长而逐渐增加。

我国膳食指南的制定过程同样经过了严格的科学考证。我国营养专家通过收集1997年以来的中外文献，梳理了乳品摄入与健康的关系；通过《中国居民营养与慢性病状况报告（2020）》明确了我国居民的膳食与健康问题，分析了现有膳食摄入与营养需求的差距[23]。乳品是学龄前儿童重要的钙与蛋白质来源，根据我国儿童膳食钙及蛋白质的推荐摄入情况，我国儿童每日应饮用300 mL及以上的奶或相当量乳制品以满足钙和蛋白质的营养需求。在学龄期，儿童骨骼、肌肉发育仍处于较快水平，与此同时其膳食范围也不断扩大。因此针对该年龄段儿童，膳食指南强调在保障膳食平衡与食物多样化的前提下，每日仍需摄入至少300 mL的奶或相当量乳制品以保障全面营养[46]。部分国家儿童的乳品推荐摄入量见表6。

表6 部分国家儿童的乳品推荐摄入量[44~48]

国家	年龄	推荐摄入量
中国	（1）学龄前儿童（2~5岁）	300~500 mL/d液体奶或相当量乳制品（可选择鲜奶、酸乳、乳粉或干酪）
	（2）学龄儿童（6~17岁）	300 mL/d及以上液体奶或相当量乳制品
美国	（1）2~8岁	
	①1000 kcal/d ②1200~2000 kcal/d	2杯当量/d（473 mL） 2.5杯当量/d（591 mL）
	（2）9岁以上	3杯当量/d（708 mL）
	[含有丰富营养的乳制品包括：无糖、无脂或低脂（1%）的牛乳、酸乳、干酪、强化大豆饮料、强化大豆酸乳、低乳糖和无乳糖乳制品]	
日本	（1）身体活动高于平均水平的12岁以上男性	2~3份/d（200~300 mL/d）牛乳
	（2）其他年龄组	2份/d（200 mL/d）牛乳（1份含有100 mg钙）
澳大利亚	（1）2~3岁男童	1.5份/d（375 mL鲜奶、超高温灭菌乳或复原乳，或180 mL不加糖淡炼乳，或300 mL酸乳等）
	（2）4~8岁男童	2份/d（500 mL鲜奶、超高温灭菌乳或复原乳，或240 mL不加糖淡炼乳，或400 mL酸乳等）

续表

国家	年龄	推荐摄入量
澳大利亚	（3）9～11岁男童	2.5份/d（625 mL鲜奶、超高温灭菌乳或复原乳，或300 mL不加糖淡炼乳，或500 mL酸乳等）
	（4）12～18岁男童	3.5份/d（875 mL鲜奶、超高温灭菌乳或复原乳，或420 mL不加糖淡炼乳，或700 mL酸乳等）
	（5）2～8岁女童	1.5份/d（375 mL鲜奶、超高温灭菌乳或复原乳，或180 mL不加糖淡炼乳，或300 mL酸乳等）
	（6）9～11岁女童	3份/d（750 mL鲜奶、超高温灭菌乳或复原乳，或360 mL不加糖淡炼乳，或600 mL酸乳等）
	（7）12～18岁女童	3.5份/d（875 mL鲜奶、超高温灭菌乳或复原乳，或420 mL不加糖淡炼乳，或700 mL酸乳等）
新西兰	（1）学龄前儿童（2～6岁）、儿童（6～12岁）	至少2～3份/d（500～750 mL/d牛乳或富含钙的牛乳替代品，或300～450 g酸乳）
	（2）青年（13～18岁）	至少3份/d（750 mL/d牛乳或富含钙的牛乳替代品，或450 g酸乳）

值得注意的是，对于营养不良儿童，乳品因其所含的丰富优质蛋白质、乳糖、高生物利用度的矿物质，也被认为是有助于儿童追赶生长的优良食物。基于大量、确凿的临床功效研究，乳品被联合国儿童基金会（United Nations Children's Fund）等众多国际组织推荐用于儿童营养不良的治疗：在营养不良治疗食物中，至少50%的蛋白质应当来源于乳品；在干预治疗重度急性营养不良时，所用膳食添加剂或营养包中，三分之一的蛋白质应当来自乳粉[49]。WHO的技术文件也特别强调，在营养不良治疗过程中使用的食物，其蛋白质的来源十分重要，牛乳在治疗食物中的添加可以有效提高蛋白质消化率，校正氨基酸评分，并提供胰岛素样生长因子，助力营养不良的改善[50]。

综上所述，对于不同地区、不同营养需求的儿童，按照推荐量足量摄入乳品是维持健康与促进生长发育的重要保障。

4

乳品对儿童营养的重要作用

4.1 不同乳品品类的特点

乳品中含有人体所需的大多数营养物质，且乳品中的营养素组成比例适宜、容易消化吸收、营养价值较高，是儿童的理想食品[51]。乳品中的蛋白质主要是酪蛋白和乳清蛋白，且乳蛋白中氨基酸种类齐全、比例合适，营养价值较高，是优质蛋白质的良好来源。乳品中脂肪含量为3%～5%，以微脂肪球的形式存在，有利于消化吸收。乳脂肪中约95%为甘油三酯，其余为磷脂、胆固醇和其他类脂及游离脂肪酸[51]。乳糖是哺乳动物乳汁中特有的成分，也是存在于乳汁中的最主要的碳水化合物。乳糖代谢生成半乳糖，半乳糖能促进脑苷脂类和黏多糖类的生成，参与婴幼儿脑发育；乳糖的另一个重要特点是能促进肠道内乳酸菌的生长，从而可以抑制肠道内异常发酵所造成的不良影响[52]。乳品中钙含量丰富，且吸收利用率高，是人体钙的良好膳食来源。每100 g液态乳能够提供约100 mg钙[53]。乳品含有几乎所有种类的脂溶性和水溶性维生素，可以提供相当数量的核黄素、维生素B_{12}、维生素A、维生素B_6和维生素B_5（泛酸），是各种维生素的优良来源[51，53]。有些乳品中还含有免疫球蛋白、乳铁蛋白、有益菌及其多种生物活性物质，这些物质具有改善肠道健康、增强机体免疫力等多种生理功效[54, 55]。

根据食品安全国家标准涉及的乳品产品标准，我们日常消费的乳品主要有巴氏杀菌乳、灭菌乳、发酵乳、调制乳、炼乳、乳粉、干酪和再制干酪。

巴氏杀菌乳（pasteurized milk）是仅以生牛（羊）乳为原料，经巴氏杀菌等工序制得的液体产品。巴氏杀菌乳原料为100%的生牛（羊）乳，产品标签可见“鲜牛（羊）奶”或“鲜牛（羊）乳”，不添加复原乳，更不能添加水等其他原辅料。巴氏杀菌既能杀灭生鲜牛（羊）乳中的致病微生物，又最大程度保留了牛（羊）乳本来的口感和生物活性物质，特别是最大程度地保留了乳铁蛋白和免疫球蛋白，这两类生物活性物质具有抵抗病原体入侵、激活体内免疫反应、维护机体健康的作用。

灭菌乳可分为超高温灭菌乳（ultra high-temperature milk）和保持灭菌乳（retort sterilized milk）。超高温灭菌乳是以生牛（羊）乳为原料，添加或不添加复原乳，在连续流动的状态下，加热到至少132℃并保持很短时间的灭菌，再经无菌灌装等工序制成的液体产品。保持灭菌乳是以生牛（羊）乳为原料，添加或不添加复原乳，无论是否经过预热处理，在灌装并密封之后经灭菌等工序制成的液体产品。使用100%生牛乳为原料的，产品标签可见“纯牛奶”或“纯牛乳”。若灭菌乳全部使用复原乳的，产品标识“复原乳”或“复原奶”；部分使用复原乳的，产品标识“含××%复原乳”或“含××%复原奶”。灭菌乳也是优质蛋白质和钙的良好来源，且具有不需要冷链储存和保质期长等特点，销售范围和消费途径更为广泛，对于偏远地区和无冷藏条件的消费者来说，灭菌乳是很好的选择。

发酵乳（fermented milk）是以生牛（羊）乳或乳粉为原料，经杀菌、发酵后制成的pH降低的产品。发酵乳不仅保留了鲜牛乳原来的营养价值，而且经发酵后，提高了蛋白质和脂肪、钙、磷、铁等的消化吸收率。此外，发酵乳中的益生菌与益生元具有调节肠道菌群、改善肠道健康、协助提高机体免疫力等健康作用。

调制乳（modified milk）是以不低于80%的生牛（羊）乳或复原乳为主要原料，添加其他原料或食品添加剂或营养强化剂，采用适当的杀菌或灭菌等工艺制成的液体产品。全部用乳粉生产的调制乳应在产品名称紧邻部位标明“复原乳”或“复原奶”，在生牛（羊）乳中添加部分乳粉生产的调制乳应在产品名称紧邻部位标明“含××%复原乳”或“含××%复原奶”。目前市场上常见的调制乳主要有添加了维生素和矿物质等的营养强化型，咖啡奶、可可奶等风味型，以及低乳糖、零乳糖等成分调整型等类型。

炼乳可分为淡炼乳（evaporated milk）、加糖炼乳（sweetened condensed milk）和调制炼乳（formulated condensed milk）。淡炼乳是以生乳和（或）乳制品为原料，添加或不添加食品添加剂和营养强化剂，经加工制成的黏稠状产品。加糖炼乳是以生乳和（或）乳制品、食糖为原料，添加或不添加食品添加剂和营养强化剂，经加工制成的黏稠状产品。调制炼乳是以生乳和（或）乳制品为主料，添加或不添加食糖、食品添加剂和营养强化剂，添加辅料，经加工制成的黏稠状产品。

乳粉（milk powder）是以生牛（羊）乳为原料，经加工制成的粉状产品。调制乳粉（formulated milk powder）是以生牛（羊）乳或及其加工制品为主要原料，添加其他原料，添加或不添加食品添加剂和营养强化剂，经加工制成的乳固体含量不低于70%的粉状产品。乳粉的优点在于可以根据不同人群的营养特点进行调整，进而满足不同人群的营养需求，且易于运输保存，需要时即可冲饮，适合各类人群选用。

干酪（cheese）是成熟或未成熟的软质、半硬质、硬质或特硬质、可有包衣的乳制品，其中乳清蛋白/酪蛋白的比例不超过牛（或其他奶畜）乳中的相应比例（乳清干酪除外）。干酪包括成熟干酪、霉菌成熟干酪和未成熟干酪（包括新鲜干酪）。成熟干酪是指生产后不马上使（食）用，应在特定的温度等条件下存放一定时间，以通过生化和物理变化产生该类产品特性的干酪。霉菌成熟干酪是主要通过干酪内部和（或）表面的特征霉菌生长而促进其成熟的干酪。未成熟干酪（包括新鲜干酪）是指生产后不久即可使（食）用的干酪。

再制干酪［process（ed）cheese］是以干酪（比例大于15%）为主要原料，加入乳化盐，添加或不添加其他原料，经加热、搅拌、乳化等工艺制成的产品。

4.2 乳品对儿童生长发育的影响

乳品中含有的丰富营养物质对于维持儿童正常生理功能和促进生长发育、提高免疫力以及预防成年期慢性疾病的发生均有重要意义。

4.2.1 乳品可有效促进儿童体格生长

儿童期是体格生长发育的关键时期，在3岁至青春期前，儿童的身高每年以5～7 cm的速度增长，至青春期第二次生长发育高峰，一年身高增长平均可达9～10 cm。充足的研究证实，乳品可以有效促进儿童期的体格发育。一项基于多国儿童临床试验研究的荟萃分析显示，儿童每日245 mL的乳摄入可贡献每年0.4 cm的身高增长[56]。我国2013年全国营养监测数据报告，每日饮奶的学龄前儿童的年龄别身高Z评分比不饮奶的儿童高0.11，相较于不饮奶的人群每日饮奶可使生长迟缓发生率降低28%[57]。

乳品中富含乳清蛋白和酪蛋白，可以刺激人体胰岛素样生长因子和胰岛素的分泌，协调生长的自然节律[58，59]。同时，乳品提供丰富的钙、维生素D、镁、锌、胆碱等重要营养素，保障机体的营养储备和骨骼健康。人体的骨量是不断变化的，在30岁左右达到峰值，骨量的储备与老年期骨质疏松的发生密切相关，而80%的骨量储备是在儿童青少年期完成的[60]。基于汇总1926—2018年临床干预试验的系统综述报告，膳食中的乳品摄入可有效增加儿童骨密度[61]。但目前关于乳品摄入与儿童骨健康的研究结果并不完全一致，这主要取决于研究儿童所在群体的乳品摄入基础值。在摄入基础较高的儿童群体中，并未观察到乳品摄入与骨健康相关[62]。但基于21项临床随机对照试验的荟萃分析显示，在乳品摄入较低的儿童亚组中，增加乳品的摄入可有效增加骨密度[63]。此外，在儿童阶段，机体钙代谢处于正平衡状态，机体在一定程度上可通过调节钙吸收和钙排泄来保证骨钙的储存，但是必要的钙摄入仍是骨生长最基本的保证。我国儿童乳品摄入量普遍较低，因此儿童每日通过饮用乳品保证钙摄入十分必要。在我国10岁女童中进行的乳品干预临床试验也证实，每日课间饮用乳品可有效地促进骨密度的增加和身高的增长[64]。

除对身高的促进外，乳品也有助于保证适宜的体重增加。乳品中的蛋白质被称为人体的“建筑材料”，是肌肉增长的必需物质[65]。值得注意的是，在儿童期，乳品的摄入主要是促进瘦体重的增加，而与体脂量的增长呈负相关[66]。美国的营养调查发现，乳品摄入较多的膳食模式和酸乳的摄入可以在补充急需的营养素的同时降低学龄儿童的体脂量[67]。我国一项基于7082名7～13岁儿童的营养调查也显示，饮奶频次较高的儿童其肥胖和中心型肥胖的发生率均较低[68]。还有研究显示，乳品摄入可将儿童期超重或肥胖风险降低约40%[69]。儿童期乳品摄入还会通过体格的塑造继而防止慢性非传染性疾病的发生。我国2020年研究发现，随着6～11岁儿童乳品摄入量的增加，其左心室肥厚检出率呈下降趋势[70]。

4.2.2　乳品可以增强儿童免疫力

除了对体格生长的促进作用外，乳品摄入也可以增强儿童的免疫力。

乳品中富含各种生物活性蛋白，如α–乳清蛋白（也称作α–乳白蛋白）、乳铁蛋白、免疫球蛋白以及各类活性肽，具有抗菌和免疫调节的作用。牛乳中丰富的免疫球蛋白不但有广谱的抗菌和抗病毒的能力，还可通过与致敏原结合，降低过敏性疾病的发生风险[71]。此外，乳品中尤其是发酵型乳制品中含有的益生菌可通过调节肠道菌群促进肠道免疫。我国一项临床对照试验发现，3～5岁儿童每周5天饮用酸乳并持续8个月后，其上呼吸道感染、腹泻的发生率均显著低于对照组[72]。

在乳品自身活性成分的基础上，现代工艺也通过在基础乳源中添加活性蛋白质、益生元等来设计强化机体免疫功能的乳品。如一项临床研究观察到在持续饮用添加复合益生菌的发酵乳4周后，儿童肠道菌群中益生菌含量显著增高，同时唾液中分泌型免疫球蛋白A（IgA）的含量增加，提示了较好的免疫调节作用[73]。另一项临床试验也发现，添加低聚果糖、聚葡萄糖和乳铁蛋白的液态乳可使受试儿童的感冒发生率降低50%，显著提升免疫能力[74]。

4.2.3 乳品可促进儿童的认知发育

乳品中本身含有的EPA、DHA、磷脂等都有助于儿童认知能力的发育。一项澳大利亚的队列研究显示，儿童早期（2～3岁）的饮奶水平与其10岁时的认知发育水平呈正相关[75]。我国的一项横断面研究显示，有长期饮奶习惯的10～12岁儿童，其图像自由回忆能力和记忆商都优于无饮奶习惯的儿童[76]。此外，乳品作为良好的基质，可用于强化DHA、碘等与认知相关的重要营养素，进一步提升促进认知发育的效果。一项临床试验研究显示，连续5个月饮用强化微量元素与n–3多不饱和脂肪酸牛乳的儿童其认知发育水平显著优于对照组[77]。

5

国际乳品消费及乳品营养强化现状

5.1 国际乳品消费现状

国际乳品联合会（International Dairy Federation，IDF）发布的《世界乳业形势报告（2019）》[78]显示，2018年全球人均乳品消费水平约为113.7 kg（按原奶计），日本、美国、欧盟和澳大利亚的人均乳品消费量分别为93.5 kg/年、272.7 kg/年、242.2 kg/年和250 kg/年（以上数据均为折合原奶计算的人均消费量，干乳制品折算原奶比例为1∶8）[78，79]。我国乳品消费水平不足全球平均乳品消费水平的三分之一，与典型发达国家的饮奶水平差距甚远。此外，《柳叶刀》（*The Lancet*）发表了一项对来自欧洲、亚洲、大洋洲、南美洲、北美洲21个国家的成年人乳品摄入情况连续15年的研究追踪，研究结果显示[80]，2003—2018年，21个国家乳品摄入平均水平为175.2 g/d，欧美地区为368.4 g/d，中国居民仅为101.7 g/d，尚不足欧美地区的三分之一。因此，目前我国乳品消费量在世界范围内尚处于较低水平。

我国乳品消费结构与欧美国家相比同样存在较大不同。全球及欧美地区国家以干乳制品消费为主，液态乳占比较小。2018年全球、美国及欧盟液态乳消费占比分别为28.8%、29.1%和24.6%，液态乳和干乳制品的消费比例约为3∶7。而亚洲国家乳制品消费结构与欧美国家相反，中国、日本、韩国等亚洲国家乳制品消费中液态乳占比均达到了80%以上[78]。因此，与欧美人群的干酪消费量差异可能是导致我国人均乳品消费量低的重要因素之一。欧美国家干酪消费量为年人均15 kg以上，而我国干酪消费量仅为年人均0.1 kg左右[78]。

儿童是重要的乳品消费群体之一。目前我国3～17岁儿童乳品摄入量与膳食指南推荐量相比仍存在较大差距，同时城乡差异显著。《监测报告》显示，我国城市地区2～5岁儿童的乳品消费率为63.4%，消费人群中饮奶中位数为133.3 g/d，而在农村地区2～5岁儿童中，乳品消费率仅为31.8%，消费人群中饮奶中位数仅为87.3 g/d，均远低于城市地区[26]。在我国6～17岁儿童中，城市儿童乳品平均摄入量为51.5 g/d，农村儿童乳品平均摄入量为18.9 g/d，仅为城市水平的三分之一；同时，城市地区6～17岁儿童乳品摄入水平达到推荐摄入量的23.4%，而农村地区仅达到推荐摄入量的6.6%[27]。此外，“2016—2017年中国儿童与乳母营养健康监测”显示，在31个省（自治区、直辖市）4万余名小学生人群中，其乳品消费率为80%，其中城市地区为89%，农村地区为71.9%，同时该人群折合液态乳消费量为198 g/d，其中城市地区为230.9 g/d，农村地区为161.2 g/d，均未达到膳食指南推荐水平。因此，农村地区乳品摄入不足问题更为严峻[81]。

与部分发达国家相比，我国儿童乳品摄入不足的问题更为凸显。从饮奶水平看，美国农业部的调查数据显示[82]，美国2～11岁儿童饮奶量约为355 mL/d，12～19岁青少年饮奶量约为237 mL/d。日本2010年国民健康营养状况调查显示，1～6岁儿童饮奶量为202.3 g/d，7～14岁儿童饮奶量为298.5 g/d，15～19岁青少年饮奶量为144.5 g/d。法国研究表明，该国6～17岁儿童早餐饮奶量为180 mL/d[83]。在比利时，8～13岁学龄儿童液态乳的摄入量约为143 mL/d[84]。英国9～10岁学龄儿童午餐中牛乳平均摄入量为88 g/d[85]。通过与上述各国儿童饮奶情况比较可知，我国儿童饮奶水平低于日本及欧美等发达国家和地区，儿童乳品消费亟待进一步提高。

我国儿童乳品摄入量因性别、母亲的受教育程度、家庭年人均收入和居住地区有很大差异[86]，经济收入与乳品消费呈现正相关[87]。乳糖不耐受和乳品过敏也是导致儿童乳品消费量低的重要原因。此外，乳品消费还受我国饮食文化和饮食传统的影响[88]。除部分民族外，我国大部分居民长期以来以植物性食物为主，以畜禽为主要动物性蛋白质来源，这一饮食模式使得国人没有养成每日喝奶的习惯，甚至很多人不喜欢乳品的口感。同时，受食品安全事件影响，我国消费者对国产奶信心不足。在经历“阜阳大头娃娃”“三聚氰胺”等相关食品安全事件后，虽然我国乳业发展水平和产品质量都取得了很大进步，但受限于消费者对国产奶安全、营养的信心不足，乳品消费水平仍在低位徘徊。

5.2 乳品营养强化现状

微量营养素缺乏是儿童营养不良的主要形式之一，也被称为“隐形饥饿”。儿童微量营养素摄入不足将影响生长发育，严重时会直接导致疾病。科学研究和实践显示，食物强化由于成本低、工艺简单，不需要改变饮食习惯，是国际上广泛采用的一种解决微量营养素缺乏的最经济和有效的方法。食物强化分为大众强化、目标强化和企业自主强化。大众强化通常为政府行为，指在大众广泛食用的食物（如谷类食品、调味品和牛乳）中添加一种或多种微量营养素，预防和控制居民中普遍存在的微量营养素不足的问题；目标强化是针对特殊人群进行的食物强化，目的是增加这些特殊人群而不是所有人群的营养素摄入量，如婴幼儿辅食、学生营养餐、儿童和孕妇专用饼干；企业自主强化是出于市场的目的对产品进行强化，但在公共卫生工作中起着积极的作用，有助于满足人群营养素的需求，降低微量营养素缺乏的风险[89]。

乳品具有亲油和亲水的理化特性，适宜脂溶性或水溶性营养素的营养强化。多数国家允许在3岁以上儿童食用的乳品中进行微量营养素强化，有的国家是强制性的，如要求液态乳或乳粉中必须强化维生素A和维生素D等[90]；有些则为自主性的，鼓励维生素A、维生素D、维生素K、钙、硒、核苷酸等的强化[91~94]。根据我国现行标准GB 14880—2012《食品安全国家标准　食品营养强化剂使用标准》[95]，满36月龄至15岁的儿童可选择食用经营养强化的儿童用乳粉和儿童用调制乳[96]，也可选择未限定人群的强化调制乳、风味发酵乳和干酪等。目前允许在调制乳粉（仅限儿童用乳粉）、调制乳粉（儿童用乳粉和孕产妇用乳粉除外）、调制乳、风味发酵乳、干酪和再制干酪、奶片中强化的营养素包括维生素、矿物元素和其他营养成分，具体的营养素及其使用量见表7。

根据我国居民膳食指南对学龄前儿童和儿童青少年的一般推荐，以学龄前儿童、学龄儿童每天食用或饮用的乳品量分别达到350 g和300 g液态乳计算。以12.5 g乳粉相当于100 mL液态乳来折算，以儿童用调制乳粉允许强化营养素使用量的中值为强化量，计算食用经维生素A、维生素D、铁、锌强化的儿童用调制乳，每日膳食中可额外增加的维生素A、维生素D、铁、锌等部分营养素的摄入量及贡献率（表8）。由表8可见，增加的营养素摄入量占RNI的百分比，维生素A为23%~50%，维生素D为25%~29%，铁为20%~35%，锌为42%~89%。如食用未限定人群的强化调制乳，增加的营养素摄入量占RNI的百分比，维生素A为29%~78%，维生素D为75%~88%，铁为28%~52%，锌为20%~48%，见表9。由此可见，按我国膳食指南的核心推荐，通过儿童用调制乳或未限定人群的强化调制乳增加的微量营养素摄入量其贡献率均在20%RNI以上。

表7　适宜儿童消费的乳品中允许强化的营养素及其使用量

产品名称	营养素	使用量
调制乳粉（仅限儿童用乳粉），儿童用调制乳以推荐的稀释比例折算	维生素A	1200 ~ 7000 μg/kg
	维生素D	20 ~ 112 μg/kg
	维生素E	10 ~ 60 mg/kg
	维生素K	420 ~ 750 μg/kg
	维生素B_1	1.5 ~ 14 mg/kg
	维生素B_2	8 ~ 14 mg/kg
	维生素B_6	1 ~ 7 mg/kg
	维生素B_{12}	10 ~ 30 μg/kg
	维生素C	140 ~ 800 mg/kg
	烟酸	23 ~ 47 mg/kg
	叶酸	420 ~ 3000 μg/kg
	泛酸	6 ~ 60 mg/kg
	生物素	38 ~ 76 μg/kg
	胆碱	800 ~ 1500 mg/kg
	肌醇	210 ~ 250 mg/kg
	铁	25 ~ 135 mg/kg
	钙	3000 ~ 6000 mg/kg
	锌	50 ~ 175 mg/kg
	硒	60 ~ 130 μg/kg
	镁	300 ~ 2800 mg/kg
	铜	2 ~ 12 mg/kg
	锰	7 ~ 15 mg/kg
	左旋肉碱	50 ~ 150 mg/kg
	叶黄素	1620 ~ 2700 μg/kg
	低聚果糖	≤64.5 g/kg

续表

产品名称	营养素	使用量
调制乳粉（仅限儿童用乳粉），儿童用调制乳以推荐的稀释比例折算	1, 3–二油酸2–棕榈酸甘油三酯	24 ~ 96 g/kg
	花生四烯酸（ARA）	≤1%（占总脂肪酸的百分比）
	二十二碳六烯酸（DHA）	≤0.5%（占总脂肪酸的百分比）
	酵母β–葡聚糖	0.21 ~ 0.67 g/kg
	低聚半乳糖	≤64.5 g/kg
调制乳	维生素A	600 ~ 1000 μg/kg
	维生素D	10 ~ 40 μg/kg
	维生素E	12 ~ 50 mg/kg
	维生素C	120 ~ 240 mg/kg
	铁	10 ~ 20 mg/kg
	钙	250 ~ 1000 mg/kg
	锌	5 ~ 10 mg/kg
	乳铁蛋白	≤1.0 g/kg
	牛磺酸	0.1 ~ 0.5 g/kg
	酪蛋白磷酸肽	≤1.6 g/kg
调制乳粉（儿童用乳粉和孕产妇用乳粉除外）	维生素A	3000 ~ 9000 μg/kg
	维生素D	63 ~ 125 μg/kg
	维生素E	100 ~ 310 mg/kg
	维生素B_6	8 ~ 16 mg/kg
	维生素C	300 ~ 1000 mg/kg
	叶酸	2000 ~ 5000 μg/kg
	铁	60 ~ 200 mg/kg
	钙	3000 ~ 7200 mg/kg
	锌	30 ~ 60 mg/kg

续表

产品名称	营养素	使用量
调制乳粉（儿童用乳粉和孕产妇用乳粉除外）	硒	140 ~ 280 μg/kg
	镁	300 ~ 1100 mg/kg
	铜	3 ~ 7.5 mg/kg
	锰	0.3 ~ 4.3 mg/kg
	牛磺酸	0.3 ~ 0.5 g/kg
	左旋肉碱	300 ~ 400 mg/kg
	γ–亚麻酸	20 ~ 50 g/kg
	乳铁蛋白	≤1.0 g/kg
风味发酵乳	维生素A	600 ~ 1000 μg/kg
	维生素D	10 ~ 40 μg/kg
	维生素C	120 ~ 240 mg/kg
	铁	10 ~ 20 mg/kg
	钙	250 ~ 1000 mg/kg
	乳铁蛋白	≤1.0 g/kg
	酪蛋白磷酸肽	≤1.6 g/kg
	牛磺酸	0.1 ~ 0.5 g/kg
干酪和再制干酪	维生素A（仅限再制干酪）	3000 ~ 9000 μg/kg
	维生素D（仅限再制干酪）	63 ~ 125 μg/kg
	钙	2500 ~ 10000 mg/kg
	铁（仅限再制干酪）	60 ~ 100 mg/kg
	牛磺酸（仅限再制干酪）	0.3 ~ 0.5 g/kg
奶片	维生素D	63 ~ 125 μg/kg
	牛磺酸	0.3 ~ 0.5 g/kg

资料来源：GB 14880—2012《食品安全国家标准　食品营养强化剂使用标准》及相关公告。

表8 饮用儿童用调制乳[①]增加的部分营养素摄入量

年龄/岁		4～6	7～10	11～14
推荐饮奶量[②]/（mL/d）		350	300	300
折成调制乳粉[③]/g		43.8	37.5	37.5
维生素A/（μg/d）	增加量	180	154	154
	RNI[④]	360	500	670
	增加量占RNI的百分比/%	50	31	23
维生素D/（μg/d）	增加量	2.9	2.5	2.5
	RNI	10	10	10
	增加量占RNI的百分比/%	29	25	25
铁/（mg/d）	增加量	3.5	3	3
	RNI	10	13	15
	增加量占RNI的百分比/%	35	23	20
锌/（mg/d）	增加量	4.9	4.2	4.2
	RNI	5.5	7.0	10
	增加量占RNI的百分比/%	89	60	42

注：① 强化量假设以GB 14880—2012《食品安全国家标准 食品营养强化剂使用标准》要求中使用量的中值计，其中维生素A强化量以4100 μg/kg调制乳粉计，维生素D强化量以66 μg/kg调制乳粉计，铁强化量以80 mg/kg调制乳粉计，锌强化量以112 mg/kg调制乳粉计。

② 根据《中国居民膳食指南（2016）》。

③ 调制乳折成调制乳粉比例为8：1。

④ 以男性RNI计。

表9 饮用未限定人群的强化调制乳[1]增加的部分营养素摄入量

年龄/岁		4～6	7～10	11～13	14～18
推荐饮奶量[2]/（mL/d）		350	300	300	300
维生素A/（μg/d）	增加量	280	240	240	240
	RNI[3]	360	500	670	820
	增加量占RNI的百分比/%	78	48	36	29
维生素D/（μg/d）	增加量	8.8	7.5	7.5	7.5
	RNI	10	10	10	10
	增加量占RNI的百分比/%	88	75	75	75
铁/（mg/d）	增加量	5.2	4.5	4.5	4.5
	RNI	10	13	15	16
	增加量占RNI的百分比/%	52	35	30	28
锌/（mg/d）	增加量	2.6	2.2	2.2	22
	RNI	5.5	7.0	10	11.5
	增加量占RNI的百分比/%	48	32	22	20

注：① 强化量假设以GB 14880—2012《食品安全国家标准 食品营养强化剂使用标准》要求中使用量的中值计，其中维生素A强化量以800 μg/kg调制乳计，维生素D强化量以25 μg/kg调制乳计，铁强化量以15 mg/kg调制乳计，锌强化量以7.5 mg/kg调制乳计。

② 根据《中国居民膳食指南（2022）》。

③ 以男性RNI计。

6

乳品摄入与儿童营养改善的措施与建议

6.1 保证儿童每日乳品摄入

6.1.1 乳品摄入量推荐建议

乳品是儿童钙的最主要来源，为了满足儿童骨骼生长的需要，儿童应该将乳品当作膳食组成的必需品[97]。根据《中国居民膳食指南（2022）》中建议，“学龄前儿童和学龄儿童每日乳品推荐摄入量分别为300～500 mL/d和300 mL/d及以上”；“乳及乳制品中钙含量丰富且吸收率高，是钙的最佳食物来源”；“建议学龄前儿童每天饮用300～500 mL乳或相当量乳制品以满足钙的需求”；“学龄儿童应每天摄入300 mL及以上液体奶或相当量奶制品，把奶制品当作日常膳食不可缺少的一部分”[29]。另外，2020年2月26日，全国卫生产业企业管理协会、中国营养学会、中国奶业协会、中国乳制品工业协会联合发布《中国居民奶及奶制品消费指导》，其中指明“2～5岁学龄前儿童每天应当摄入350～500 g液态奶或相当量的奶制品，学龄儿童每天液态奶摄入量不低于300 g并适当增加”。

以含有等量蛋白质的比例折算，100 g液态乳相当于12.5 g乳粉、10 g干酪。根据以上内容，建议2～5岁学龄前儿童应保证每天摄入300～500 mL

液态乳（相当于37.5～62.5 g乳粉或30.0～50.0 g干酪），6～17岁学龄儿童应保证每天至少摄入300 mL液态乳（相当于37.5 g乳粉或30.0 g干酪）。此外，再制奶酪棒是目前较受儿童喜爱的乳品之一。GB 25192—2010《食品安全国家标准　再制干酪》中规定，再制干酪中干酪含量应在15%以上，目前市面上很多再制奶酪棒进行了钙的强化，可作为儿童补充钙的良好来源。

6.1.2　乳品品类选择建议

儿童应该从小养成食用乳品的习惯。乳品种类繁多，推荐儿童选择的乳品有以下几种。

（1）牛乳

纯牛乳中含有丰富的蛋白质、脂肪、维生素和矿物质等营养物质，乳蛋白中含有人体必需的氨基酸；乳脂肪多为短链和中链脂肪酸，极易被人体吸收；钾、磷、钙等矿物质配比合理，易于人体吸收[98]。市售的巴氏杀菌乳和灭菌乳中蛋白质、乳糖、矿物质等营养成分含量基本上与原料乳相同[99]，不同的灭菌方式对牛乳的保质期和贮藏方式影响不同，消费者应根据需求正确选择巴氏杀菌乳和灭菌乳。此外，消费者还可以选择强化维生素A、维生素D、钙、铁、锌等营养素和（或）添加DHA、膳食纤维、益生元（低聚果糖、低聚半乳糖等）等原料的调制乳产品。

（2）乳粉

乳粉是对液态乳制品的重要补充，含丰富的优质蛋白质、维生素和矿物质等人体必需的营养素，其粉状的形式更便于保存和运输。根据儿童的营养需求，可以选择强化维生素A、维生素D、DHA、钙、铁等元素的调制乳粉。

（3）发酵乳

发酵乳保留了乳的基本营养，可以为机体提供充足的蛋白质、钙等常量与微量营养素，是提高儿童膳食质量的优质食物选择[100]。绝大多数发酵乳利用益生菌发酵了乳中的乳糖，有利于轻度乳糖不耐受人群的消化吸收，并可减轻其肠道不良反应，同时其中的益生菌有益于改善肠道微生态，维护肠道的健康。但应注意由于普通家庭环境自制发酵乳基本无法保证严格的杀菌条件，不推荐给儿童食用家庭自制产品。

（4）干酪及再制干酪

干酪是牛乳经浓缩、发酵而制成的乳制品，含有浓缩的牛乳营养素；再制干酪是以干酪为主要原料，添加其他配料再加工制得。儿童奶酪、休闲奶酪和新鲜奶酪等都是适合儿童需求的产品。干酪经菌种发酵并成熟，大分子牛乳营养素降解成小分子营养物质，同时降低了乳糖含量，更易于营养素特别是钙质的吸收。

生活中可为儿童选择牛乳、乳粉、发酵乳、干酪及再制干酪等进行自由搭配，同时还可以选择强化DHA、维生素A、维生素D、益生元等的儿童牛乳或乳粉，保证营养的全面摄入。另外值得注意的是，近年来儿童肥胖以及超重现象的发生有明显增高趋势，脱脂或低脂乳品一时之间成为肥胖儿童补充营养的佳选[101]。与全脂牛乳和普通干酪相比，脱脂与低脂乳品可提供相同的营养素，但脂肪较少，能量更低。脱脂、低脂牛乳和酸乳与干酪相比含有更少的饱和脂肪酸和钠，更多的钾、维生素A和维生素D。但前瞻性队列研究和随机对照试验的荟萃分析显示，无论全脂还是低脂乳品，对心血管疾病的发病风险都不会产生不利影响[1]，全脂乳品摄入量与代谢综合征风险无关[102]。

6.1.3　乳蛋白过敏与乳糖不耐受的应对措施

乳蛋白过敏和乳糖不耐受是儿童乳品摄入量低的重要原因。在婴幼儿从母乳喂养向辅食喂养的“断奶期”，人体肠黏膜细胞乳糖酶分泌能力会发生退化。因此，不断奶是解决乳糖不耐受的最佳方式。幼儿应在母乳喂养结束后逐渐进食牛乳或其他动物乳品，在全生命周期培养饮奶习惯，倡导适量饮奶，终身不断乳。

对于确诊的牛乳蛋白质过敏的儿童，首要的是回避牛乳及牛乳制品，视病情严重程度，经一年左右低敏配方营养治疗，部分可以形成免疫耐受，并重新接受牛乳，多数患儿在3岁时牛乳蛋白质过敏的问题可以得到缓解。低龄儿童乳糖不耐受常继发于喂养不当、感染及各种原因的腹泻所致肠黏膜损伤和脱落，新裸露的肠黏膜细胞因不成熟而不能分泌乳糖酶从而出现继发性乳糖不耐受。因此，儿童一旦出现相关临床症状，需到医院小儿消化或过敏专科检查并明确诊断，遵医嘱选择治疗方案。对诊断为继发性乳糖不耐受的患儿，应短期回避含乳糖的乳品，使肠黏膜细胞恢复健康后再尝试含乳糖的乳品，不可轻易“断奶”。乳品是儿童所需优质蛋白质、钙等多种营养素的重要膳食来源，有研究显示，当乳糖不耐受人群伴随着乳品摄入量减少或完全不食用时可能会导致其骨密度降低[103]，给骨健康带来一定的负面影响。

美国卫生与公共服务部的研究表明，一餐中饮用60～120 mL牛乳（乳糖含量3～6 g），每天饮奶2～3次，持续3周，有助于诱导肠道菌群分解消化乳糖的能力，使得肠道逐渐接受牛乳中的乳糖，提高乳糖的耐受性[104]，因此推荐乳糖不耐受的儿童及成人以少量多次的方式食用乳品[104～107]。

此外，乳糖不耐受者应采取每餐少量饮奶，避免空腹大量食用乳品[105，106]。食用乳品前应先吃一些含蛋白质或碳水化合物的食物，如谷类、麦片、全麦面包或鸡蛋等，或者将上述食物与乳品同时食用，以此来延长食物在胃肠道的停留时间，减少肠道黏膜细胞的负担，从而减轻肠胃不适症状。严重乳糖不耐受者可选择无乳糖乳品进行营养补充[104~107]。

6.2 持续开展乳品促进儿童营养健康的宣传教育

我国乳业发展与乳品消费已经得到各级政府和专业团体、相关机构的重视和相关政策支持。2021年中央一号文件《中共中央国务院关于全面推进乡村振兴加快农业农村现代化的意见》中明确提出我国“继续实施奶业振兴行动”，国务院办公厅《关于推进奶业振兴保障乳品质量安全的意见》中明确指出“大力推广国家学生饮用奶计划”。同时，“合理膳食行动”已被列为《健康中国行动（2019—2030）》的重要内容，“普及营养健康知识”“双蛋白工程”已被列入《国民营养计划（2017—2030）》。多项政策文件与法规为社会各级各行业创造了全链条、多角度的儿童乳品消费的支持性环境。政府、行业组织、企业、学校、幼儿园、妇幼保健机构等可通过国家营养和食品安全科普平台，以全国科普宣传周等为契机，与“农村义务教育学生营养改善计划”等营养改善计划深入衔接，加大营养健康科普宣教活动，增强对“学生饮用奶计划”的响应与推进力度，合理引导儿童群体的消费需求。

6.2.1 加强家长对儿童饮奶的引导作用

调查显示，城市中大部分家长对乳品对儿童营养与健康的影响有所了解，但仅半数家长要求自己的孩子每天都摄入乳品，如何将这种知识和态度转变为积极的行为，尚需进一步努力[108]。而农村尤其是贫困地区由于经济落后、家长文化程度不高等原因，儿童日常对乳品的摄入很难得到保障。故加强对家长尤其是婴幼儿父母的宣传教育十分重要。可通过召开家长会、举办大型知识讲座等形式加强家长营养知识普及教育，向家长介绍具体乳品营养知识，纠正家长的错误认知，同时强化家长营养意识，进而为儿童制定科学、合理的乳品食用方案[109]。同时在营养知识普及过程中，工作人员在丰富普及内容的同时，要注重宣讲方式的创新，采取“线上+线下”的模式，定期组织家长参与专业的宣讲活动，引导家长在日常生活中关注乳品营养知识，养成良好的学习习惯，进而提高营养知识普及率[110，111]。

6.2.2 持续推进“学生饮用奶计划”

2000年11月15日，我国农业部、教育部等七部委正式启动实施国家“学生饮用奶计划”。目前该计划在全国170多个城市和地区1万余所中小学校开展实施，日饮用量达470万份。该计划的实施是一种很好的健康教育方式，能促进学生了解乳品的营养价值，提高对饮用乳制品重要性的认识，从而养成良好的膳食习惯。学校，尤其是农村地区的学校，包括幼儿园在内，都应在政府的帮助下加大对“学生饮用奶计划”的宣传力度，实施“学生饮用奶计划”的学校应持续向学生进行饮奶营养健康知识教育，普及饮奶知识，开展适合学生年龄的有关饮奶与健康的活动，培养学生养成科学的饮奶习惯。

6.2.3 强化多方科普宣传，指导乳品科学消费

健康教育是推动乳品合理消费的有效措施。行业组织、企业、专家、媒体等都应作为营养知识科普的主体责任人，向消费者传播正确的营养信息，指导乳品科学消费。妇幼保健机构作为从事专业儿童营养保健工作的

机构，其儿童保健人员的营养知识和指导水平直接影响家长的喂养行为，从而影响儿童的营养与健康水平。在儿童营养与健康的宣传教育工作中，应该首先从政府角度加大对各级妇幼保健机构中儿童保健人员的培训，提高其专业知识与技能水平，让其掌握儿童摄入乳及乳制品的详细知识。妇幼保健机构在掌握相关知识技能后，应发挥其机构职能，深入基层，大力组织乳及乳制品与儿童营养与健康的讲座，以及通过线上公众号等形式进行宣传。在日常工作中对年龄、身体状况等不同的儿童提供不同的乳及乳制品摄入建议与方案，宣传乳及乳制品对儿童营养与健康的重要性。在保证每日乳制品摄入量的同时，搭建均衡的膳食营养结构同样重要。

6.2.4 产学研结合，创新中国好产品

乳品企业应重视产品质量控制体系建设，在生产工艺、产品流通等环节加强创新，严把产品质量关，为市场提供优质乳制品，提高国内乳业公信力。同时，科技界与产业界应加大对乳品营养基础研究的扶持力度，紧密结合营养改善计划的目标与需求，以科学研究为基础，围绕精准营养理论与儿童营养现状加强产品研发力度，注重科研成果转化，不断提高乳品质量，丰富市场乳品品类，为增加我国乳品消费与改善儿童营养助力。

6.3 鼓励进行乳品营养强化

目前我国食品安全标准允许强化的乳品品类包括调制乳粉、调制乳、风味发酵乳、干酪及再制干酪。其中调制乳粉又分为儿童用乳粉、孕产妇用乳粉和普通人群用调制乳粉。

6.3.1 乳品是营养强化的天然优质载体

乳品本身是蛋白质、钙等营养素的优质食物来源，同时其自身的理化特性使其可以作为营养强化的天然优质载体，乳品营养强化可作为改善儿童营养健康状况的措施之一。目前乳品营养强化的途径主要有两种。第一种为微量营养素的添加。现有研究显示，目前乳品已可以实现维生素A、维生素D等营养素的强化，使乳品的营养水平得以进一步提高。第二种为通过饲养管理或优选奶牛品种增加生乳中的原生营养成分，如DHA等。

6.3.2 乳品营养强化建议

（1）乳品营养强化仍需获得更多政策支持

目前我国各类乳品中允许强化的营养素种类有限，如干酪中仅允许强化钙。乳品是营养强化的天然优质载体，相关部门可以考虑通过标准、法规等途径增加各类乳品中允许强化的营养素种类及扩大其使用范围。另外，目前纯牛乳和巴氏杀菌乳如果强化维生素或矿物质，即变成了调制乳，税率上升，影响消费者的选择，相关部门可以考虑设立相关政策，鼓励乳品中强化缺乏率较高的一些矿物元素和维生素。

（2）乳品可作为目标强化食品在儿童群体中推广使用

儿童营养关乎整个生命周期的健康，但我国儿童仍存在维生素及微量元素的缺乏，营养健康状况仍不容忽视。目前，我国儿童用乳品为定量包装，目标人群明确，份量可以相对固定，每日至少300 mL的推荐量可有效补充优质蛋白质和微量营养素，适宜作为目标强化食品进行推广应用。建议行业进一步依照我国食品营养强化标准和相关法规，建立儿童目标强化的专用乳品标准。首先，根据儿童乳品消费特点及相关营养干预政策，选择适宜的乳品品类作为强化载体；其次，根据我国儿童膳食营养素的需求特点及营养现状，设定我国儿童普遍缺乏或易缺乏的微量营养素作为必须添加的营养素，同时设定可选择添加的营养素，以满足不同年龄段或不同膳食背景儿童的营养需求。通过儿童专用乳品及标准的建立，可进一步满足儿童营养需求并规范市场，促进行业健康发展，为儿童消费群体提供更多可选择的营养健康的产品。

（3）针对儿童群体进行乳品营养强化的营养素种类建议

儿童日常食用的乳品有两类，一类为针对全人群的常规市售普通乳品，另一类为针对儿童生长发育特点开发设计的专用乳品。我国居民维生素D缺乏现象较为普遍，因此常规乳品建议进行维生素D的强化。同时，脱脂处理容易导致乳品中脂溶性营养素的损失，因此建议在脱脂乳品中可强化维生素A、维生素D等脂溶性营养素。此外，儿童处于生长发育旺盛阶段，对于营养素种类与含量的需求更为严格，基于我国儿童营养现状，可以考虑进行维生素、矿物质等多种营养素的强化，以满足儿童生长发育需要。另外，多不饱和脂肪酸、膳食纤维等对儿童营养与健康的重要作用已被广泛证实。因此，在法规限定范围内，可鼓励乳品中进行有益于儿童生长发育的食品配料或营养强化剂的使用与添加，以进一步丰富乳品的营养特性。但需要指出的是，儿童膳食应鼓励食物摄入的多样性，乳品强化应按需进行，不提倡将3岁以上儿童食用的乳品强化为全营养食品。

7

共识结论

1

儿童期均衡营养对保障其生长发育及维持生命全周期健康至关重要

2

我国儿童营养状况明显改善，但超重肥胖和微量营养素缺乏问题突出

3

膳食多样化是营养均衡的保障，儿童适量饮奶十分必要

4

乳品可以有效促进生长发育，是保障儿童健康成长的理想食品

5

我国儿童乳品摄入严重不足，乳品消费量亟待提高

6

科学认识儿童乳蛋白过敏与乳糖不耐受，倡导终身不断乳

7

乳品是营养强化的重要食物载体，适于儿童微量营养素缺乏的预防控制

8

多方联动合力推进，营造促进儿童乳品消费的良好支持性环境

8

参考文献

[1] 任发政. 乳的营养与健康[J]. 中国食品学报，2020，20（7）：1-9.

[2] Bundy D A P, de Silva N, Horton S, et al. Investment in child and adolescent health and development: key messages from Disease Control Priorities, 3rd Edition[J]. The Lancet (British edition), 2018, 391(10121): 687-699.

[3] 李廷玉. 中国儿童营养面临的双重负担——营养不良和超重肥胖[J]. 中国实用儿科杂志，2015，30（12）：881-883.

[4] 张玉梅. 从生命早期健康和社会变迁看儿童营养[J]. 首都公共卫生，2018，12（2）：57-61.

[5] Wang H, Wang D, Ouyang Y, et al. Do Chinese children get enough micronutrients?[J]. Nutrients, 2017, 9(4): 397.

[6] Corkins M R, Daniels S R, de Ferranti S D, et al. Nutrition in children and adolescents[J]. Medical Clinical of North America, 2016, 100(6): 1217-1235.

[7] 王宏萍. 学龄前儿童营养状况对儿童生长发育的影响研究[J]. 中国妇幼保健，2017，32（24）：6206-6207.

[8] Samuel T, Musa-Veloso K, Ho M, et al. A narrative review of childhood picky eating and its relationship to food intakes, nutritional status, and growth[J]. Nutrients, 2018, 10(12): 1992.

[9] Zhen S, Ma Y, Zhao Z, et al. Dietary pattern is associated with obesity in Chinese children and adolescents: data from China health and nutrition survey (CHNS)[J]. Nutrition Journal, 2018, 17(1): 68.

[10] Zhang J, Wang H, Wang Y, et al. Dietary patterns and their associations with

childhood obesity in China[J]. British Journal of Nutrition, 2015, 113(12): 1978-1984.

[11] Taylor CM, Hays NP, Emmett PM. Diet at age 10 and 13 years in children identified as picky eaters at age 3 years and in children who are persistent picky eaters in a longitudinal birth cohort study[J]. Nutrients, 2019, 11(4): 807.

[12] Sun M, Hu X, Li F, et al. Eating habits and their association with weight status in Chinese school-age children: a cross-sectional study[J]. International Journal of Environmental Research and Public Health, 2020, 17(10): 3571.

[13] DAS J K, LASSI Z S, HOODBHOY Z, et al. Nutrition for the next generation: older children and adolescents[J]. Annals of Nutrition and Metabolism, 2018, 72 (Suppl. 3): 56-64.

[14] Geserick M, Vogel M, Gausche R, et al. Acceleration of BMI in early childhood and risk of sustained obesity[J]. The New England Journal of Medicine, 2018, 379(14): 1303-1312.

[15] 侯亚苹，李智贤，羊柳，等. 儿童期腹型肥胖对成年期腹型肥胖的影响［J］. 中华流行病学杂志，2020，41（3）：385-388.

[16] 董彦会，宋逸，董彬，等. 2014年中国7～18岁学生血压状况与营养状况的关联分析——基于中国儿童青少年血压评价标准［J］. 北京大学学报（医学版），2018，50（3）：422-428.

[17] Closa-Monasterolo R, Zaragoza-Jordana M, Ferre N, et al. Adequate calcium intake during long periods improves bone mineral density in healthy children. Data from the childhood obesity project[J]. Clinical Nutrition, 2018, 37(3): 890-896.

[18] Wallace TC, Frankenfeld CL. Dietary Protein intake above the current RDA and bone Health: A systematic review and meta-analysis[J]. Journal of the American College of Nutrition, 2017, 36(6): 481-496.

[19] 黄萍，李红梅，徐世英. 饮食行为习惯养成及家庭喂养方式对四川某地区儿童肥胖的影响调查［J］. 中国妇幼保健，2017，32（2）：355-357.

[20] 满塞丽麦，郭岩. 中国5岁以下儿童营养不良的社会决定因素研究［J］. 北京大学学报（医学版），2016，48（3）：418-423.

[21] 国家卫生计生委疾病预防控制局. 中国居民营养与慢性病状况报告（2015年）［M］. 北京：人民卫生出版社，2016.

[22] 国家卫生健康委疾病预防控制局. 中国居民营养与慢性病状况报告（2020年）［M］. 北京：人民卫生出版社，2021.

[23] 中国营养学会. 中国居民膳食指南科学研究报告（2021）［M］. 北京：人民卫

生出版社，2022.

［24］赵丽云，何宇纳. 中国居民营养与健康状况监测报告（2010—2013）之一：膳食与营养素摄入状况［M］. 北京：人民卫生出版社，2018.

［25］朴建华，霍军生. 中国居民营养与健康状况监测报告（2010—2013）之二：居民体质与营养状况［M］. 北京：人民卫生出版社，2018.

［26］杨振宇. 中国居民营养与健康状况监测报告（2010—2013）之九：中国0～5岁儿童营养与健康状况［M］. 北京：人民卫生出版社，2020.

［27］张倩，胡小琪. 中国居民营养与健康状况监测报告（2010—2013）之十一：中国6～17岁学龄儿童营养与健康状况［M］. 北京：人民卫生出版社，2018.

［28］赵文华，王京钟. 中国居民营养与健康状况监测报告（2010—2013）之六：人群超重肥胖及十年变化［M］. 北京：人民卫生出版社，2020.

［29］中国营养学会. 中国居民膳食指南（2022）［M］. 北京：人民卫生出版社，2022.

［30］中国营养学会. 中国居民膳食营养素参考摄入量（2013版）［M］. 北京：科学出版社，2014.

［31］杨晓光，翟凤英. 中国居民营养与健康状况调查报告之二：膳食与营养素摄入状况［M］. 北京：人民卫生出版社，2006.

［32］Institute of Medicine. Dietary Reference Intakes for thiamin, riboflavin, niacin, vitamin B_6, folate, vitamin B_{12}, pantothenic acid, biotin, and choline[M]. Washington, DC: National Academy Press, 1998.

［33］Institute of Medicine. Dietary Reference Intakes for vitamin C, vitamin E, selenium, and carotenoids[M]. Washington, DC: National Academy Press, 2000.

［34］Institute of Medicine. Dietary Reference Intakes for vitamin A, vitamin K, arsenic, boron, chromium, copper, iodine, iron, manganese, molybdenum, nickel, silicon, vanadium, and zinc[M]. Washington, DC: National Academy Press, 2001.

［35］Institute of Medicine. Dietary reference intakes for energy, carbohydrate, fiber, fat, fatty acids, cholesterol, protein, and amino acids (Macronutrients) [M]. Washington, DC: National Academy Press, 2005.

［36］Institute of Medicine. Dietary Reference Intakes for calcium and vitamin D[M]. Washington, DC: National Academy Press, 2011.

［37］World Health Organization. Human vitamin and mineral requirements[R]. Geneva: WHO/Rome: FAO, 2002.

［38］WHO/FAO/UNU. Protein and amino acid requirements in human nutrition. Report of a joint WHO/DAO/UNU expert consultation (WHO Technical Report Series,

No.935) [R]. Geneva: WHO, 2007.

[39] World Health Organization. Iodine and inorganic iodines: human health aspects[EB/OL]. [2022-02-21]. https://apps.who.int/iris/handle/10665/43579.

[40] Food and Agriculture Organization of the United Nations. Fats and fatty acids in human nutrition. Report of an expert consultation[R]. Rome: FAO, 2010.

[41] Dogui D, Doggui R, El Ati J, et al. Association between Overweight and Diet Diversity Score: A Cross-Sectional Study Conducted among Tunisian Children[J]. Children-Basel, 2021, 8 (7): 536.

[42] Liu J, Sun J, Huang J, Huo J. Prevalence of Malnutrition and Associated Factors of Stunting among 6-23-Month-Old Infants in Central Rural China in 2019[J]. International Journal of Environ Res Public Health, 2021, 18(15): 8165.

[43] Swindale A, Bilinsky P. Household Dietary Diversity Score (HDDS) for Measurement of Household Food Access: Indicator Guide[J/OL]. Food and Nutrition Technical Assistant, 2006, 9[2022-02-21] https://www.fantaproject.org/sites/default/files/resources/HDDS_v2_Sep06_0. pdf.

[44] U.S. Department of Health and Human Services and U.S. Department of Agriculture. 2020-2025 Dietary Guidelines for Americans. 9th Edition. [EB/OL](2020-09). [2021-08-24] https://www.dietaryguidelines.gov/sites/default/files/2021-03/Dietary_Guidelines_for_Americans-2020-2025. pdf.

[45] Available Government National Health and Medical Research Council Australian Dietary Guidelines eat for health[R]. Canberra: National Health and Medical Research Council, 2013.

[46] 中国营养学会膳食指南工作委员会．膳食指南科学证据和方法学研究［M］，北京：人民卫生出版社，2019.

[47] Ministry of Health, Labour and Welfare and Ministry of Agriculture, Forestry and Fisheries. A Guide to Shokuiku[EB/OL]. [2021-06-30]. https://www.maff.go.jp/e/pdf/shokuiku. pdf.

[48] Ministry of Health. Food and Nutrition Guidelines for Healthy Children and Young People (Aged 2~18 years): A background paper-revised February 2015[R]. Wellington: Ministry of Health, 2012.

[49] Grenov, Benedikete, Milchaeksen, et al. Growth components of cow's Milk: emphasis on effects in undernourished children[J]. Food and Nutrition Bulletin. 2018, 39(2 suppl): S45-S53.

[50] World Health Organization. Supplementary foods for the management of moderate acute malnutrition in infants and children 6~59 months of age[R]. Geneva: WHO, 2012.

[51] 孙长颢．营养与食品卫生学［M］．7版．北京：人民卫生出版社，2014.

[52] Qi X, Tester R F. Lactose, maltose and sucrose in health and disease[J]. Molecular Nutrition and Food Research, 2020, 64(8): 1-12.

[53] 杨月欣．中国食物成分表（第二册）[M]．6版．北京：北京大学医学出版社，2019.

[54] Liu Y, Perego M, Xiao Q, et al. Lactoferrin-induced myeloid-derived suppressor cell therapy attenuates pathologic inflammatory conditions in newborn mice[J]. The Journal of Clinical Investigation, 2019, 129(10): 4261-4275.

[55] Arne A. Milk and health[J]. The New England Journal of Medicine, 2020, 382(23): 86-93.

[56] DE BeeEER H. Dairy products and physical stature: a systematic review and meta-analysis of controlled trials[J]. Economics and Human Biology, 2012, 10(3): 299-309.

[57] Duan Y, Pang X, Yang Z, et al. Association between dairy intake and linear growth in Chinese pre-school children[J].Nutrients, 2020, 12(9): 2576.

[58] Hoppe C, Mølgaard C, Juul A, et al. High intakes of skimmed milk, but not meat, increase serum IGF-I and IGFBP-3 in eight-year old boys[J]. European Journal of Clinical Nutrition, 2004, 58(9): 1211-1216.

[59] Hoppe C, Mølgaard C, Dalum C, et al. Differential effects of casein versus whey on fasting plasma levels of insulin, IGF1 and IGF-1/IGFBP-3: results from a randomized 7-day supplementation study in prepubertal boys[J]. European Journal of Clinical Nutrition, 2009, 63(9): 1076-1083.

[60] Heaney R P, Abram S, Dawson-hughes B, et al. Peak bone mass[J]. Osteoporosis International, 2000, 11: 985-1009.

[61] Carmela D, José, DM Mercedes G C, et al. Effects of dairy product consumption on height and bone mineral content in children: a systematic review of controlled trials[J]. Advances in Nutrition, 2019, suppl 2: S88-S96.

[62] Kara A V, Berdine R M, Linda D M, et al. The effect of dairy intake on bone mass and body composition in early pubertal girls and boys: a randomized controlled trial[J]. The American Journal of Clinical Nutrition, 105(5): 1214–1229.

[63] Huncharek M, Muscat J, Kupclnick B. Impact of dairy products and dietary calcium on bone-mineral content in children: results of a meta-analysis[J]. Bone, 2008, 43(2): 312-321.

[64] Du X, Zhu K, Trube A, et al. School-milk intervention trial enhances growth and bone mineral accretion in Chinese girls aged 10~12 years in Beijing[J]. British Journal of Nutrition, 2004, 92: 159-168.

[65] Grenov B, Friis H, Mølgaard C, et al. The role of human and other milks in preventing and treating undernutrition[M]. New York: Springer Science Business Media, 2017.

[66] Kang K, Sotunde O F, Weiler H A. Effects of milk and milk-product consumption on growth among children and adolescents aged 6~18 years: a meta-analysis of randomized controlled trials[J]. Advances in Nutrition, 2019, 10(2): 250-261.

[67] Debra K, Kathleen H G, Ann A, et al. Associations between yogurt, dairy, calcium, and vitamin D intake and obesity among U.S. children aged 8-18 years: NHANES, 2005-2008[J]. Nutrients, 2015, 7(3) 1577-1593.

[68] 张倩，刘爱玲，杜松明，等．牛奶饮用频率与儿童肥胖及代谢异常的关系 [J]. 中国学校卫生，2012，33（6）：648-653.

[69] Vanderhout S M, Aglipay M , Torabi N, et al. Whole milk compared with reduced-fat milk and childhood overweight: a systematic review and meta-analysis[J]. American Journal of Clinical Nutrition, 2020, 111(2): 266-279.

[70] 李紫琳，张艳青，张茜，等．乳制品摄入与儿童左心室肥厚的关联 [J]．中华预防医学杂志，2020，54（12）：1389-1395.

[71] Ulfman L H, Leusen J H W, Savelkou H F J, et al. Effects of bBovine immunoglobulins on immune function, allergy, and infection[J]. Frontiers in Nutrition, 2018, 5: 52.

[72] He M, Yang Y X, Han H, et al. Effects of yogurt supplementation on the growth of preschool children in Beijing suburbs[J]. Biomedical and Environmental Sciences, 2005, 18(3): 192-197.

[73] Zanini K, Marzotto M, Castellazzi A, et al. The effects of fermented milks with simple and complex probiotic mixtures on the intestinal microbiota and immune response of healthy adults and children[J]. International Dairy Journal, 2007, 17(11): 1332-1343.

[74] 赵美霞，巴根纳，樊启程，等．有益于提高儿童免疫力的液态奶组合物：CN201210551232. 7 [P]. 2012-12-18.

[75] Nyaradi A , Li J , Hickling S, et al. Diet in the early years of life influences cognitive outcomes at 10 years: a prospective cohort study[J]. Acta Paediatrica, 2014, 102(12): 1165-1173.

[76] 胡余明，陈炜林，张莹莹，等．长期饮用学生奶与儿童注意力及记忆商的关系 [J]．中华预防医学杂志，2010，44（12）：1111-1114.

［77］Petrova D, Bernabeu Litrán M A, García-Mármol E, et al. Effects of fortified milk on cognitive abilities in school-aged children: results from a randomized-controlled trial[J]. European Journal of Nutrition, 2019, 58(5): 1863-1872.

［78］International Diary Federation. The world diary situation 2019[R]. Belgium: IDF, 2019.

［79］Food and Agriculture Organization of the United Nations. FAO Statistical Pocketbook 2017 [R]. Rome: FAO, 2017.

［80］Mahshid D, Andrew M, Sumathy R, et al. Association of dairy intake with cardiovascular disease and mortality in 21 countries from five continents (PURE): a prospective cohort study[J]. Lancet, 2018, 392: 2288-2297.

［81］许晓丽，于冬梅，房红芸，等．中国小学生乳类及制品消费情况分析［J］．中国食物与营养，2021，27（10）：5-9.

［82］Sebastian R S, Goldman J D, Wilkinson E C, et al. Fluid Milk Consumption in the United States: What We Eat In America, NHANES 2005-2006[EB/OL].[2021-03-15] https://www.ars.usda.gov/ARSUserFiles/80400530/pdf/DBrief/3_milk_consumption_0506.pdf.

［83］France B, Hébel Pascale, Salmon Legagneur Aurée, et al. Breakfast consumption in French children, adolescents, and adults: a nationally representative cross-sectional survey examined in the Context of the International Breakfast Research Initiative[J]. Nutrients, 2018, 10(8): 1056.

［84］Senterre C, Michèle Dramaix, Isabelle Thiébaut. Fluid intake survey among schoolchildren in Belgium[J]. BMC Public Health, 2014, 14(1): 651.

［85］Harrison Flo, Jennings, Andy J, et al. Food and drink consumption at school lunchtime: the impact of lunch type and contribution to overall intake in British 9-10-year-old children[J]. Public Health Nutrition, 2013, 16(6): 1132-1139.

［86］Jia X, Wang D, Eldridge A L, et al. Dairy intake would reduce nutrient gaps in Chinese young children aged 3-8 years: a modelling study[J]. Nutrients, 2020, 12(2).

［87］郑晓冬，方向明，贺子轩．城镇化与居民乳制品消费——基于省际动态面板的实证研究［J］．中国食物与营养，2018，24（4）：36-41.

［88］Dror D K, Allen L H. Dairy product intake in children and adolescents in developed countries: trends, nutritional contribution, and a review of association with health outcomes[J]. Nutrition Review, 2014, 72(2): 68-81.

［89］霍军生，孙静，黄建，等．微量营养素食物强化指南[M]．北京：中国轻工业出版社，2009.

[90] Health Canada. Canada Food and Drug Regulations C. R. C., c. 870 [EB/OL]. (2020-12-02)[2021-06-30] https://laws.justice.gc.ca/eng/regulations/C.R.C.,_c._870/page-1.html.

[91] U.S. Food and Drug Administration. Code of Federal Regulations-131.110 [EB/OL]. (2020-04-01) [2021-06-30] https://www.accessdata.fda.gov/scripts/cdrh/cfdocs/cfCFR/CFRSearch.cfm?fr=131.110.

[92] Food Standards Australia New Zealand. Australia New Zealand Food Standards Code-Standard 1.3.2-Vitamins and minerals [EB/OL]. (2021-03-26)[2021-06-30] https://www.foodstandards.gov.au/code/Pages/default.aspx.

[93] Japanese Ministry of Health, Labor and Welfare. Specifications and Standards for Foods, Food Additives, etc. Under the Food Sanitation Act (Abstract) 2010[EB/OL]. (2021-04) [2021-06-30] https://www.jetro.go.jp/en/reports/regulations/pdf/foodext201112e.pdf.

[94] Ministry of Food and Drug Safety. Food Additives Code-Ministry of Food and Drug Safety Regulation 2020-59 [EB/OL]. (2020-08-24) [2021-06-30]https://www.mfds.go.kr/eng/brd/m_15/view.do?seq=72432.

[95] 中华人民共和国卫生部．食品安全国家标准　食品营养强化剂使用标准：GB 14880—2012［S］．北京：中国标准出版社，2012．

[96]《食品营养强化剂使用标准》（GB 14880—2012）问答［EB/OL］．（2013-06-05）［2021-08-23］http://www.nhc.gov.cn/wjw/wdjd/201306/42b2a289e35648df8fb284fac055ff25.shtml.

[97] 秦锐．中国儿童钙营养专家共识（2019年版）［J］．中国妇幼健康研究，2019，30（3）：262-269．

[98] 秦虹．牛奶掺假及检测方法研究现状［J］．甘肃畜牧兽医，2018，48（11）：25-28．

[99] 杨滨．食品营养学［M］．昆明：云南人民出版社，2014．

[100] André M, Eliane P D. Yogurt consumption and impact on health: focus on children and cardiometabolic risk [J]. American Journal of Clinical Nutrition, 2014（5）：1243S.

[101] 邹卉．儿童肥胖的危害与干预［J］．中国计划生育学杂志，2018，26（12）：1268-1269．

[102] Mena-Sánchez G, Becerra-Tomás N, Nancy B, et al. Dairy product consumption in the prevention of metabolic syndrome: a systematic review and meta-analysis of

prospective cohort studies[J]. Advances in Nutrition, 2019, 10(suppl_2): S144-S153.

［103］Hodges, J Cao S, Cladis D, et al. Lactose intolerance and bone health: the challenge of ensuring adequate calcium intake[J]. Nutrients, 2019, 11(4): 718.

［104］Brown-Esters O, Namara P M, Savaiano D. Dietary and biological factors influencing lactose intolerance [J]. International Dairy Journal, 2012, 22(2): 98-103.

［105］Micic D, Rao VL, Rubin DT. Clinical approach to lactose intolerance[J]. The Journal of the American Medical Association, 2019, 322(21): 2138.

［106］陈健，赛晓勇．乳糖不耐受的研究进展［J］．中华流行病学杂志，2016，37（2）：299-302.

［107］Agency for Healthcare Research and Quality, U.S. Department of Health and Human Services. Lactose intolerance and health (AHRQ Publication No 10-E004) [EB/OL]. (2010-02) [2021-06-30］https://www.ahrq.gov/downloads/pub/evidence/pdf/lactoseint/lactint.pdf.

［108］马广旭，肖湘怡，杨祯妮，等．我国城乡居民牛奶消费行为与营养认知状况研究——基于6省（区市）886份问卷调研［J］．中国乳业，2020（6）：40-45.

［109］邱建红，雷军．普及营养知识在儿童保健教育工作中的应用价值及对儿童营养状况的影响评价［J］．中国卫生产业，2018，15（6）：77-78.

［110］张延峰，吴琼，王玮，等．青海省贫困农村6～23个月龄儿童喂养和营养状况调查分析［J］．中国妇幼保健，2016，31（13）：712-2717.

［111］唐鹤，蒋竞雄，宫丽敏，等．社区儿童保健医生婴幼儿营养与喂养知识干预效果分析［J］．中国临床医生杂志，2016，44（1）：84-87.

9

附图①

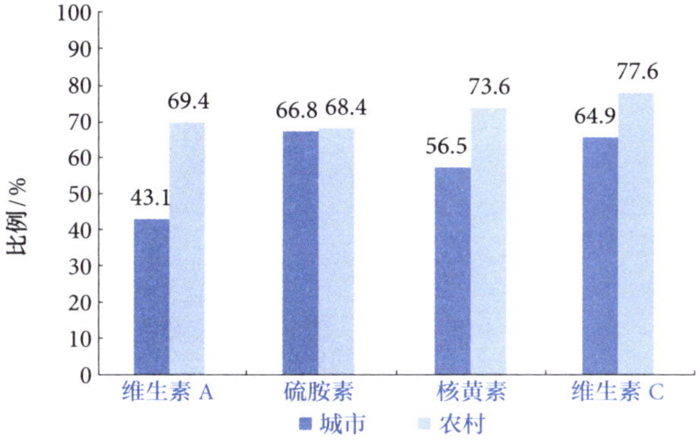

附图 1　我国 2 ~ 3 岁儿童中膳食维生素 A、硫胺素、核黄素、维生素 C 摄入量低于 EAR 的比例

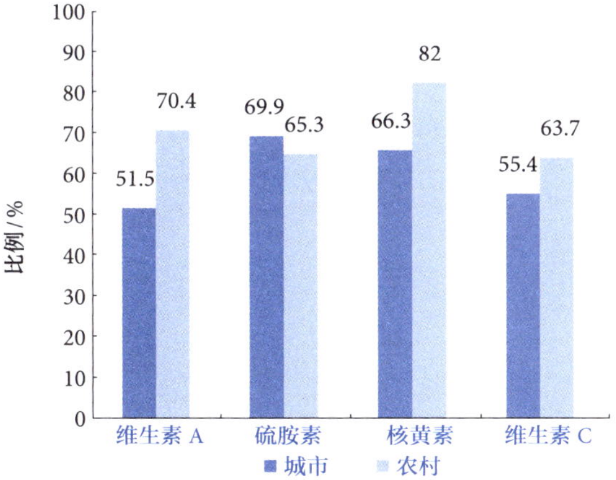

附图 2　我国 4 ~ 6 岁儿童中维生素 A、硫胺素、核黄素、维生素 C 摄入量低于 EAR 的比例

① 资料来源：赵丽云，何宇纳．中国居民营养与健康状况监测报告（2010—2013）之一：膳食与营养素摄入状况［M］．北京：人民卫生出版社，2018。

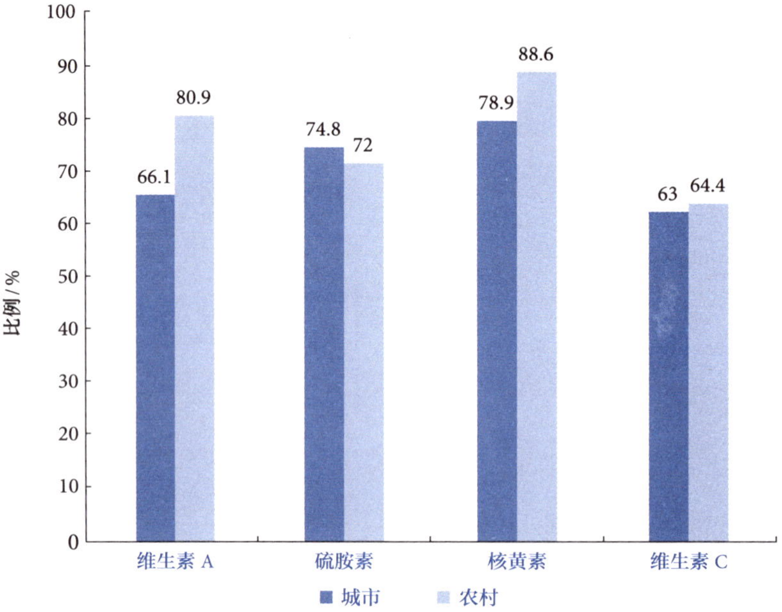

附图 3　我国 7 ~ 10 岁儿童中维生素 A、硫胺素、核黄素、维生素 C 摄入量低于 EAR 的比例

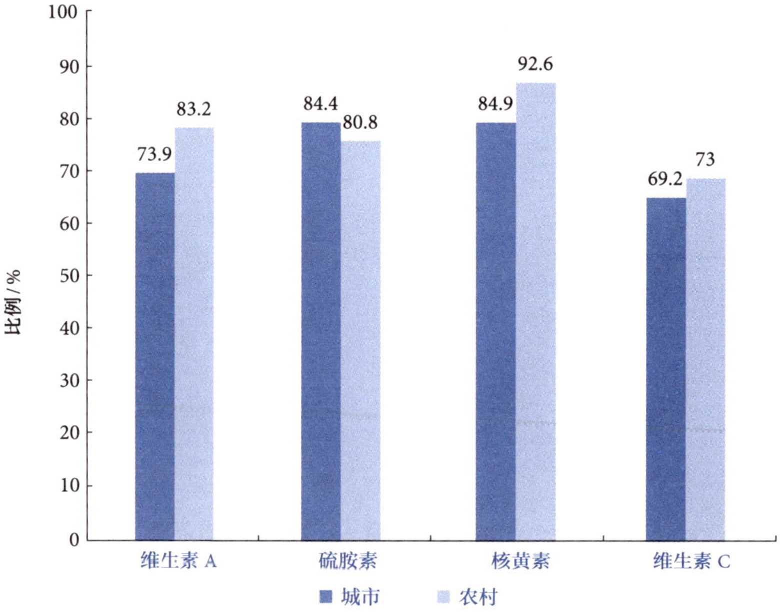

附图 4　我国 11 ~ 13 岁儿童中维生素 A、硫胺素、核黄素、维生素 C 摄入量低于 EAR 的比例

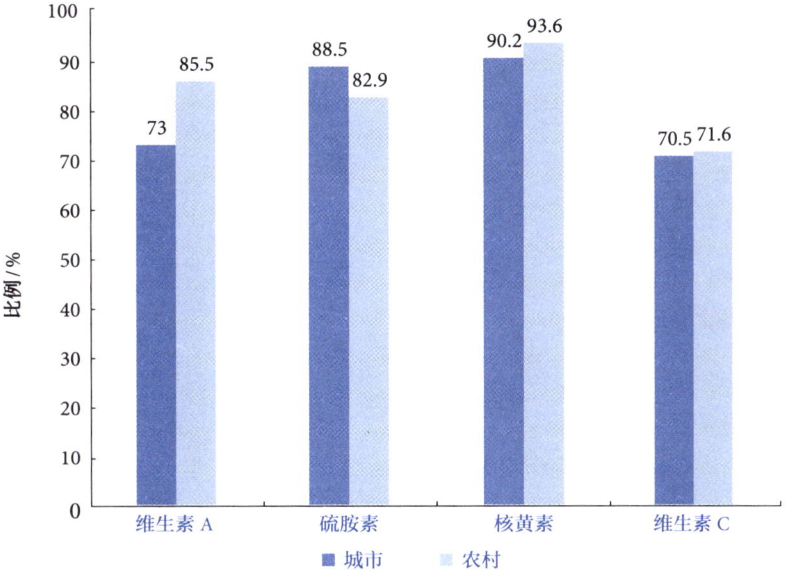

附图 5 我国 14 ~ 17 岁儿童中维生素 A、硫胺素、核黄素、维生素 C 摄入量低于 EAR 的比例

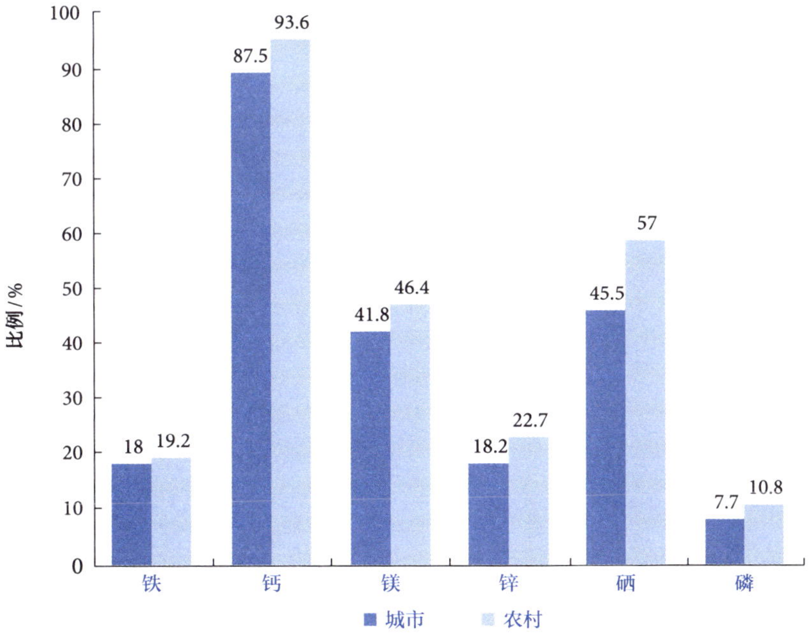

附图 6 我国 2 ~ 3 岁儿童中铁、钙、镁、锌、硒、磷摄入量低于 EAR 的比例

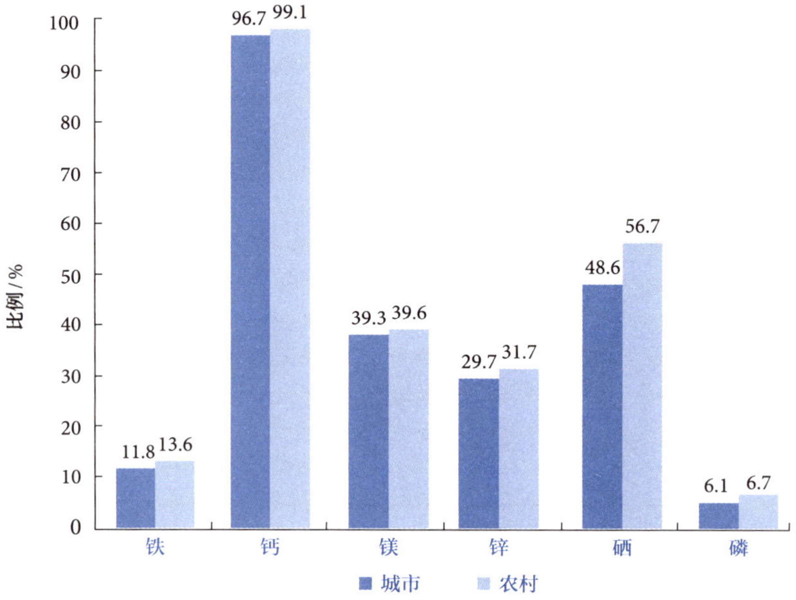

附图 7　我国 4 ~ 6 岁中儿童铁、钙、镁、锌、硒、磷摄入量低于 EAR 的比例

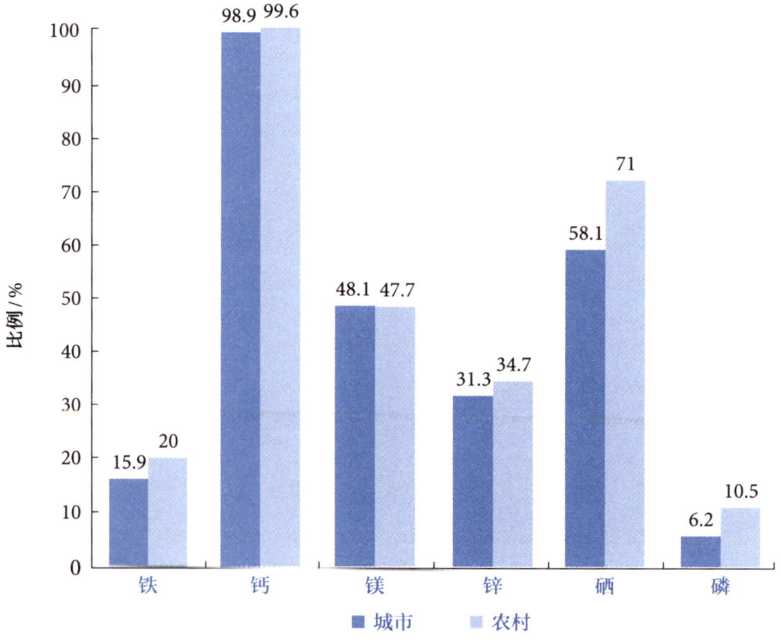

附图 8　我国 7 ~ 10 岁中儿童铁、钙、镁、锌、硒、磷摄入量低于 EAR 的比例

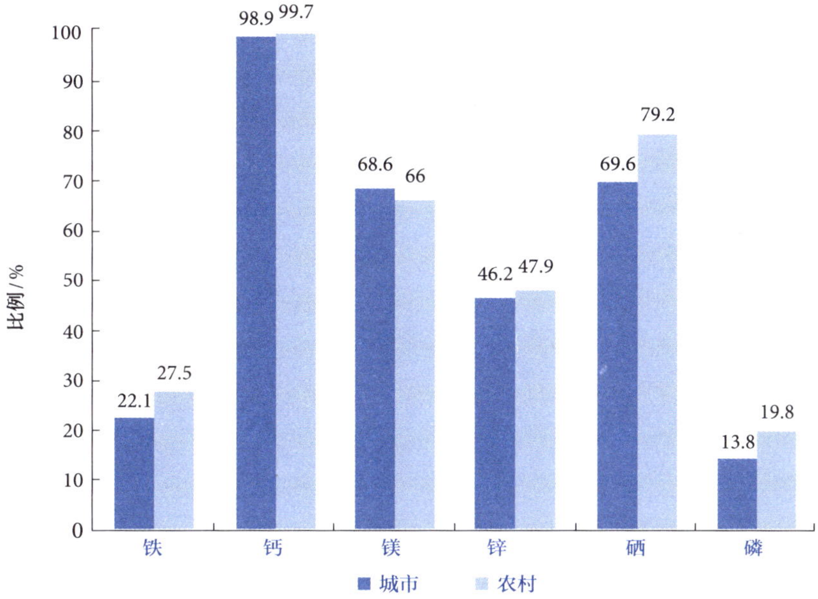

附图 9 我国 11 ~ 13 岁儿童中铁、钙、镁、锌、硒、磷摄入量低于 EAR 的比例

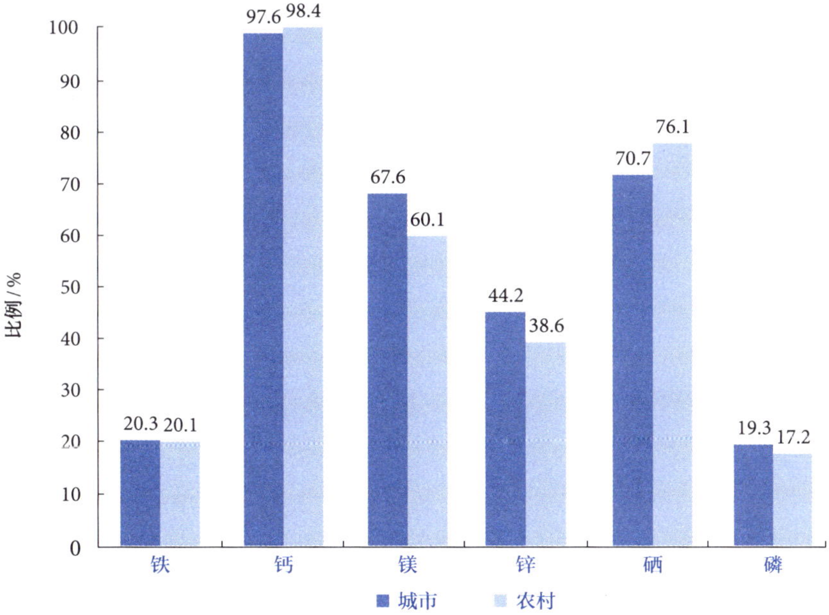

附图 10 我国 14 ~ 17 岁儿童中铁、钙、镁、锌、硒、磷摄入量低于 EAR 的比例